韬晦藏锋

李昆仑◎编著

海南出版社
·海口·

图书在版编目（CIP）数据

韬晦藏锋 / 李昆仑编著 . -- 海口 : 海南出版社，
2025. 2. -- ISBN 978-7-5730-2310-0

Ⅰ . B848.4-49

中国国家版本馆 CIP 数据核字第 202581K955 号

韬晦藏锋

TAOHUI CANGFENG

编　　著：李昆仑
策　　划：张海君
责任编辑：于晓静
责任印制：郄亚喃
印刷装订：三河市华阳宏泰纸制品有限公司
读者服务：张西贝佳
出版发行：海南出版社
总社地址：海口市金盘开发区建设三横路 2 号
邮　　编：570216
北京地址：北京市朝阳区黄厂路 3 号院 7 号楼 101 室
电　　话：0898-66812392　　010-87336670
电子邮箱：hnbook@263.net
经　　销：全国新华书店
版　　次：2025 年 2 月第 1 版
印　　次：2025 年 2 月第 1 次印刷
开　　本：710 mm × 1 000 mm　1/16
印　　张：13
字　　数：160 千字
书　　号：ISBN 978-7-5730-2310-0
定　　价：68.00 元

前言

foreword

放眼历史长河，那些名垂青史、颇有建树的名人，大多具有出类拔萃的智谋。他们不仅对自身有正确全面的认知，而且能在风云激荡的历史岁月中，以一双洞察世间万物的眼睛、一颗充满智慧的脑袋和一颗不苟同于世的心灵，力争上游，勇往直前，在披荆斩棘后获得人生的胜利勋章，找寻到属于自己的成功和精彩。

不难看出，古往今来的成功之人，大多具有“王侯将相宁有种乎”的气魄，他们懂得在变幻莫测的时局中运用出色的谋略智慧，以此来为自身的发展寻求更多的机遇。

对当代人来说，古人这些宝贵的经验如同一部指引人生前进的指南，每个人都能从中找到适合自己的成长智慧。

比如当我们身处复杂多变的环境时，该如何通过韬光养晦的智谋藏锋，以此来避免枪打出头鸟的结局；比如当我们遇到进退两难的困境时，该如何磨炼自己的意志力，以能屈能伸的姿态静待时机，以此寻求一鸣惊人；比如当我们身陷危机四伏的困局时，该如何运筹帷幄，出奇制胜，通过突破自己的固化思维来扭转局势，以此实现由败转胜的逆袭；比如当我们置身于复杂多变的人际关系网时，该如何做到以诚待人，如何用自己的人格魅力获得人际关系的升华；比如当我们身处变幻莫测的局势时，该如何通过造势借势的博弈智慧，实现自身的飞跃式成长……

以上种种，就是这部《韬晦藏锋》所要阐释的内容，也是当下每个人走向成功的制胜秘诀。在这部作品中，我们精选了古代杰出的智谋理论，同时加入了发人深省的经典故事，通过这种“理论＋故事”的解读方式，力求帮助大家掌握人生制胜的出彩智慧。此外，为了提升本书的可读性和趣味性，我们还针对书中的内容绘制了精彩的漫画插图，以此来为大家提供更加充实有趣的阅读体验。

最后，希望大家能喜欢这部诚意之作，也希望每位读者都能从书中收获属于自己的人生智慧，并用它们去指导未来的人生之路，处理未知的人生难题。

目录

contents

第一章　韬光养晦，善于藏锋者胜

第二章　能屈能伸，知进退取舍者胜

第三章　运筹帷幄，善于扭转局势

第四章　出奇制胜，突破思维者胜

第五章　恩威并重，以诚待人者胜

第六章　造势借势，谋局博弈者胜

第一章
韬光养晦，善于藏锋者胜

韬光养晦，就是指故意隐藏自己的才华和实力，不轻易显露出来。这是很多聪明人为人处世会选择的做法。世界繁杂，如果你处处都展现出自己的强大，可能会引来麻烦。而善于藏锋，就能避免很多纷争。这并不表示你没有能力，而是你在默默地积蓄力量，等待合适的时机行动。那些懂得韬光养晦的人，最终都会因为他们的蓄力和自身实力而获得成功。

善于藏锋，不随便显露自己的锋芒

许多人自视甚高，热衷于在众人面前显露才华，渴望引人瞩目。然而，尖锐言辞易树敌，张扬行为易招妒。明智者都懂得内敛，避免成为焦点。他们低调行事，稳步前行，追求远大目标，最终成就非凡事业。真正的高人，不会一味地炫耀自己的成就，而是懂得藏锋于内，让实力自然流露。

收敛锋芒

我想起来了，你说会不会是因为前段时间学校举办的运动会？你好像有些张扬了。

你觉得自己比别的同学厉害，所以一个人报了很多项目，占用了其他同学的名额。

可我也是为了班级的荣誉呀！

就算是为了班级荣誉，刻你也要懂得时刻保持内心的谦逊，不能事事都争强好胜。

好吧，我以后一定会收敛锋芒，我这就去给同学们道歉！

如果没有一点儿锐气和自信，人就像藤蔓一样难以独立生存。但太过张扬自己的才能，往往会伤害他人，甚至反伤自己。所以，聪明的人懂得在合适的时候展示自己，不轻易显露自身全部实力。真正有大智慧的人，虽然志向高远，但外表仍显得低调而内敛。他们不是真的平庸，而是选择隐藏自己的实力，等待最好的时机。在机会到来时，他们会全力以赴，取得令人瞩目的成就。

谋略高手的特质

谋略高手深藏实力，不显山不露水，只会在关键时刻大显身手。他们行事谨慎，智勇双全，既会藏锋也会藏秀，看似低调却才华横溢。相较于张扬之辈，他们更显智慧深沉。他们善于隐藏实力，巧妙布局，化解难题，赢得信任，最终成就辉煌。

曾国藩初涉官场时踌躇满志，期待能大展宏图，却因锋芒毕露而遭遇了同僚的排挤与打压。这种长期的压力与困境，使得他的精神世界陷入了阴霾，身体健康也受到了严重的影响。

弟弟曾国荃在得知哥哥的困境后心急如焚，四处寻医问药。一天，他偶遇了一位疯和尚，疯和尚一语道破了曾国藩的"心病"，并给出了12个字的药方——"敬胜怠，义胜欲；知其雄，守其雌"。

这12个字让曾国藩醍醐灌顶。他意识到，要战胜懈怠，唯有勤勉；要走向光明，必须战胜内心的邪欲；要知晓刚强的

必要，更要懂得保持内心的谦逊与柔和。

从此，曾国藩改变了以往的行事风格，学会了“藏锋”。他不再处处争强好胜，而是懂得适时收敛锋芒，用谦逊与柔和去化解矛盾，用智慧去赢得他人的尊重与支持。

这种转变不仅使他之后的官场生涯几乎一帆风顺，更让他成了一个真正懂得人性的高手。他深知，越是有本事的人，越需要懂得藏锋，因为这样不仅能避免无谓的纷争，更能赢得他

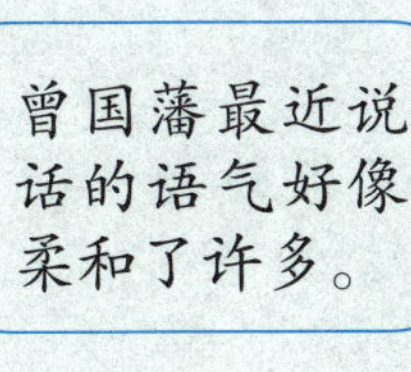

人的信任与支持，从而走向更高的境界。

曾国藩之所以能在官场中步步高升，除因为他卓越的才华和实力外，更关键的是他深谙藏锋之道。他明白，在权力的角逐中，过度张扬只会招致众人非议，而适度收敛、保持谦逊则能使他赢得更广泛的支持与协作。懂得藏锋不仅是对自己的一种保护，更是一种处世智慧，使他在复杂多变的官场中游刃有余，稳步前行。

锋芒毕露易招灾祸

过于显露才华和野心，容易引来嫉妒和敌视。在复杂的权力斗争中，过分张扬者往往成为众矢之的，陷入麻烦和困境。因此，学会藏锋、保持谦逊，是避免灾祸、走向成功的关键。

在三国鼎立的乱世之中，孔融以其独特的性格和坚定的信念，成了士族公子中的佼佼者。他初入官场，便以刚直不阿的性格著称，面对官场中的贪腐行为，他直言不讳，毫不畏惧。

当董卓把持朝政，意图颠覆皇权时，孔融更是逆流而上，坚决反对，即便屡遭打压，他也从未屈服。

曹操掌权后，孔融更是以笔为剑，多次以文章揭露曹操所定政策的弊端。面对孔融的直言不讳，曹操是既欣赏又忌惮。一次，曹操因私怨欲杀太尉杨彪，孔融闻讯后，毅然闯入宫殿，据理力争，最终救下了杨彪。然而，这也让孔融与曹操的关系变得更加紧张。

建安九年（公元204年），曹操攻下邺城，其子曹丕娶袁绍的儿媳甄氏为妻，孔融却以“武王伐纣，以妲己赐周公”的典故讽刺曹操，暗指其行为不端。曹操虽然没有立刻明白其意，但孔融的言辞已经像利剑一样刺痛了他的心。之后，孔融更是多次公开反对曹操的政令，其高调处世、直言不讳的态度，让曹操心生不满。

然而，孔融名声在外，曹操不敢轻易将其除去。直到建安十三年（公元 208 年），北方局势稳定，曹操着手统一大业，孔融成了他排除内部干扰的绊脚石。曹操以孔融“欲规不轨”的罪名，最终将孔融处死。一代名士，因过于张扬，最终落得身首异处的下场，其家人也没能幸免，令人唏嘘不已。

孔融虽然才智过人，却欠缺深谋远虑。他性格张扬，才华横溢却毫不掩饰，屡次与曹操针锋相对。这种直率的性格和过于明显的对抗态度，让曹操抓住了他的致命弱点。曹操以孔融过去的言论为借口，对他定罪，最终这位才华横溢的士族公子落得个悲惨的结局。孔融的遭遇警示我们，在复杂的权力斗争中，智谋与低调同样重要。

保持冷静和耐心

在人生的旅途中，那些才华横溢的人确实很容易吸引人们的目光。但是，如果他们总是彰显自己的才华，表现得过于张扬，就很容易引起别人的嫉妒和攻击，甚至让自己陷入麻烦之中。真正聪明的人应该知道，有时候遮蔽自己的光芒反而更加明智。他们懂得在适当的时候收敛自己，不轻易展现自己的实力，而是默默地积蓄力量，等待时机。他们就像是在无声处听惊雷，在不被注意的地方默默努力，最终成就一番大事业。特别是在逆境或者条件还不成熟的时候，更需要保持冷静和耐心，不要急于展现自己的才能，而应学会观察和分析，等待最佳的时机。

思维闪光时刻

- 曾国藩初涉官场
  - 踌躇满志
  - 锋芒毕露
  - 遭遇排挤与打压
  - 精神世界与身体健康受损
- “敬胜怠，义胜欲；知其雄，守其雌”的启示
  - 战胜懈怠，唯有勤勉
  - 战胜邪欲，走向光明
  - 知晓刚强，保持谦逊与柔和
  - 改变做事风格，学会“藏锋”
- “藏锋”的影响
  - 官场生涯几乎一帆风顺
  - 成为懂人性的高手
- 锋芒毕露易招灾祸
  - 过度张扬引来嫉妒和敌视
  - 复杂的权力斗争中的风险
  - 智谋与低调的重要性
- 三国时期孔融的教训
  - 刚直耿介的性格
  - 与曹操的冲突
  - 直言不讳的态度
  - 曹操的不满与定罪
  - 最终的下场与警示

一山不容二虎，做人切勿逞强好胜

俗话说得好，一山不容二虎。如果在强者面前显露出过盛的锋芒，挑衅不断，必将引发激烈的竞争。如果竞争失控，必有一方会被无情淘汰，失去立足之地。因此，谨慎行事，避免过度张扬，才能全身而退。

隐忍并非退让

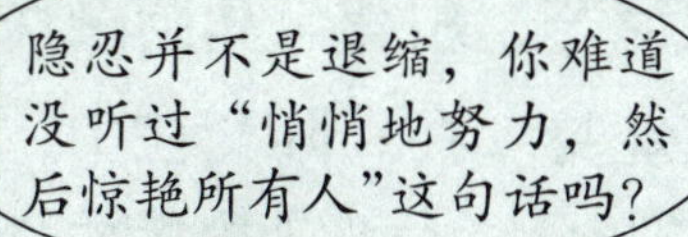
隐忍并不是退缩，你难道没听过“悄悄地努力，然后惊艳所有人”这句话吗？

你快给我详细讲讲。

平日里悄悄隐藏实力，等到关键时刻再大放异彩，你一定可以成功。
听你这样说，我好像明白了。

谢谢你给我讲这么多，这块蛋糕给你吃吧！
菲菲你太客气了，举手之劳而已。

你快别拒绝了，就当是我对你的感谢。
嘿嘿，那我可就不客气了。

今天听你说的这番话，真的让我受益匪浅，看来我真的要做出改变了。
你能这样想就好。

谢谢你，下次班长竞选，我一定会成功的！
嗯，我相信你！

面对强者时，最好低调行事，隐藏锋芒，用智慧和圆融保护自己。切记避免张扬好胜，以免引火烧身。在人际交往中，要巧妙把握进退时机，适时展现自我，保持谦逊。退避不是软弱，而是智慧地积蓄力量，保护自我。逞强好胜，只会让自己陷入困境，错失良机。因此，我们应懂得审时度势，灵活应对，以确保自己的梦想得以实现，机会不会错失。

低调行事才能行稳致远

出风头虽然能短暂风光，但易招嫉妒、惹麻烦，过于张扬易惹祸端。人生路上，低调行事，避免过于显露，方能稳健前行，走得更远。

西晋时期有一位名叫石崇的富豪，他家中收藏着举世罕见的奇珍异宝，令人叹为观止。然而，这份财富也引来了他人的嫉妒与杀心。

当时的国舅爷王恺倚仗皇权的庇护，常常与石崇斗富，试图以此来证明自己的地位与财富。有一次，王恺得到了一株高

二尺许的珊瑚，以为这足以让石崇甘拜下风。然而，石崇毫不在意，他一口气拿出了六七株更加珍贵的珊瑚，瞬间让王恺哑口无言。

永康元年（公元300年），赵王司马伦发动政变，废杀贾皇后和她的党羽，包括贾谧。因为与贾谧关系密切，石崇也被免去了官职。石崇的外甥欧阳建之前得罪过司马伦，两人结了仇。石崇有个非常宠爱的小妾名叫绿珠，她长得特别美，还会吹笛子。后来，司马伦的心腹孙秀看上了绿珠，派人来要。石崇正在他的金谷别馆里享受，旁边站着一堆漂亮的婢女，他故意让使者在这些婢女中挑，就是不放绿珠。使者好说歹说，但石崇仍不放人，这下彻底得罪了孙秀。

孙秀一怒之下，撺掇司马伦杀了石崇和欧阳建。最终，孙秀假传皇帝命令，把石崇他们都抓了起来。石崇直到被押到刑场才明白过来，原来他们是冲着他的家产来的。他后悔没早点散财保命，但为时已晚。最后，石崇一家十五口人，无论老少，都被杀了。

石崇的悲惨下场令人唏嘘。他原本有着无尽的财富和崇高的地位，却因为炫耀财富和美女而引来了杀身之祸。古人常

说“祸福无门，唯人所召”，石崇的遭遇就是这句话最好的例证。他聪明一世，最终却因为不懂得收敛而落得人财两空的悲惨下场。

锋芒毕露往往易招嫉妒，更易树立敌人。石崇的悲惨结局便源于此，他不知道明哲保身之道，和王恺斗富。这种过于明显的显摆，无疑触动了王恺敏感的神经，最终导致了他的不幸遭遇。在复杂的人际往来中，我们应当学会收敛锋芒，保持谦逊，以智慧和策略来保护自己，避免麻烦与伤害。

克制隐忍

克制隐忍并非简单的退让，而是一种高明的计谋。它能巧妙地消磨敌人的锐气，同时悄悄增强自己的实力。等到最佳时机来临时，这种智慧会让你一举击败敌人，赢得最耀眼的胜利。所以，学会克制隐忍，就像拿到了通往成功大门的万能钥匙。

在春秋初年，郑国经历了一场惊心动魄的权位之争。郑武公离世后，太子寤生继位，是为郑庄公。然而，郑庄公的继位之路充满了挑战和危机。

郑庄公出生时脚先出来，母亲武姜特别不喜欢他，偏爱他的弟弟共叔段。武姜多次在郑武公面前为共叔段求取太子之位，却屡屡碰壁。郑武公驾崩后，武姜与共叔段更是图谋不轨，企图篡夺郑庄公的权位。

武姜首先提出让郑庄公将制邑这一军事要地封给共叔段，郑庄公深知制邑的重要性，便以地理位置险要为由婉拒。随后，武姜又提出将京地赐予共叔段，郑庄公虽不情愿，但为了顾全大局，他选择了隐忍，应允了母亲的要求。共叔段一到京地，便大兴土木，加高城墙，其野心昭然若揭。郑国的大臣们开始警觉，大夫祭仲更是直言不讳地进言。然而，郑庄公选择了沉默，他深知时机未到，必须等待最佳的出击时机。

共叔段见郑庄公没有反应，更加嚣张。他私自调动军队，侵占城邑，百姓怨声载道。然而，郑庄公仍然选择了忍耐。

终于，郑庄公得知共叔段起兵的日期。他微笑着说："时机到了！"随后，他迅速派公子吕带兵攻打京地。共叔段毫无准备，只能仓皇逃往鄢地。郑庄公又派大将追击，最终共叔段逃到别国，不久后便身亡。

郑庄公的高明之处在于他能忍善藏。他知道什么时候该忍耐，什么时候该出击。他故意让共叔段暴露自己的弱点，然后再一举将他铲除。这种能忍善藏的智慧，让郑庄公能够平定内乱，成为一代英明的君主。他的故事也成为世代传颂的佳话。

郑庄公真是位智勇双全的君王！他懂得忍耐和隐藏，静待最佳时机。就像猎人耐心等待猎物上钩，他也在等待时机成熟。一旦机会来临，他便果断出手，迅速而坚定，不给敌人任何反击的机会。这告诉我们，面对挑战时，不要急于求成，要学会等待和忍耐。时机一到，就要把握机会，果断行动，别让犹豫和迟疑坏了大事。

学会隐藏实力

展现和隐藏自己的才华需要技巧，太过低调可能会让你错过好机会，而在合适的时候展示才华又容易遭人嫉妒。跟强者打交道时，展示才华要恰到好处，要懂得保持谦逊和低调。千万别把自己看得太高，更不要在强者面前炫耀。学会隐藏实力，就像是把才华藏在口袋里，这样既能保护自己，也能为抓住将来的机会做准备。只有这样做，我们才能在正确的时机大放异彩，实现自己的价值。

思维闪光时刻

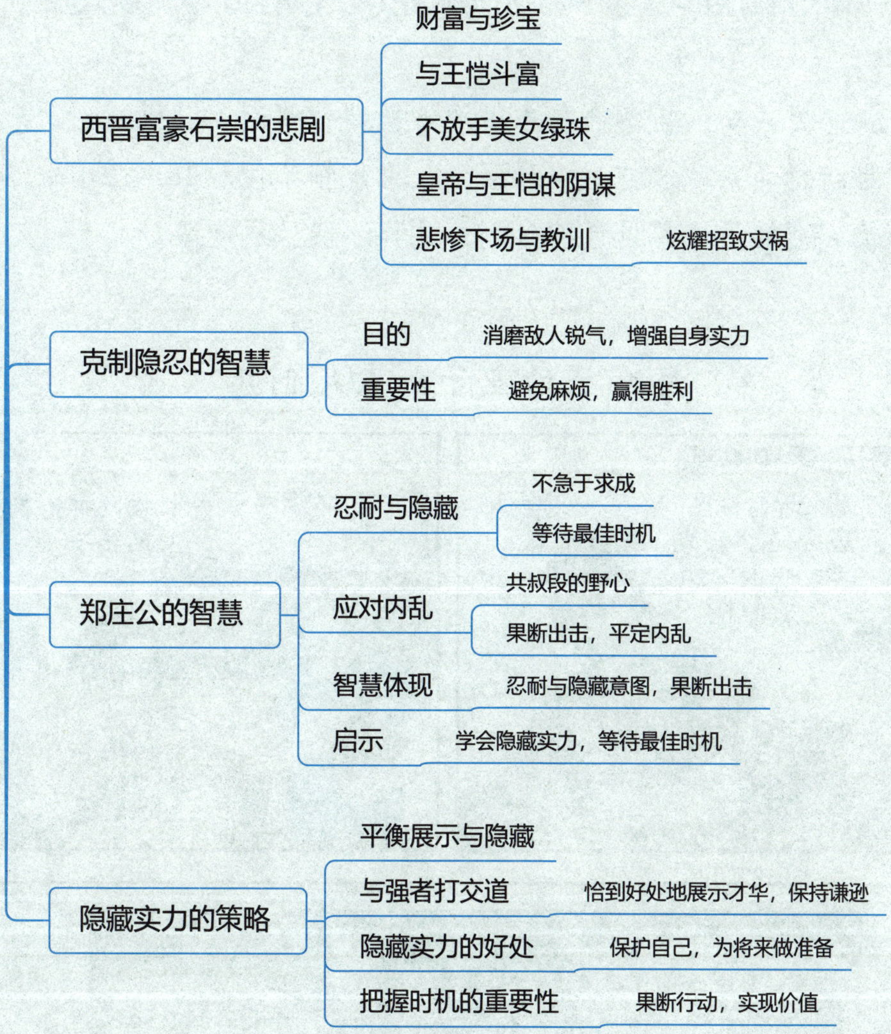

- 西晋富豪石崇的悲剧
  - 财富与珍宝
  - 与王恺斗富
  - 不放手美女绿珠
  - 皇帝与王恺的阴谋
  - 悲惨下场与教训
    - 炫耀招致灾祸
- 克制隐忍的智慧
  - 目的
    - 消磨敌人锐气，增强自身实力
  - 重要性
    - 避免麻烦，赢得胜利
- 郑庄公的智慧
  - 忍耐与隐藏
    - 不急于求成
    - 等待最佳时机
  - 应对内乱
    - 共叔段的野心
    - 果断出击，平定内乱
  - 智慧体现
    - 忍耐与隐藏意图，果断出击
  - 启示
    - 学会隐藏实力，等待最佳时机
- 隐藏实力的策略
  - 平衡展示与隐藏
  - 与强者打交道
    - 恰到好处地展示才华，保持谦逊
  - 隐藏实力的好处
    - 保护自己，为将来做准备
  - 把握时机的重要性
    - 果断行动，实现价值

谋进藏巧，暗中谋划才能出手雷霆

想要成功，得学会暗中做准备，悄悄筹划。时机一到，就果断行动，就像打雷一样猛烈，谁也挡不住。做事得小心谨慎，别轻易泄露自己的计划，这样才能干成大事。

给自己的点子加点儿创意

如果不重新写内容，我们一定会输掉辩论赛的。

我倒是有一个好主意。

这份稿子你照常放在这里迷惑对手，然后再另写一份新的，等到比赛时，给对手来一个出其不意！
妙啊！

你说的这个点子，是不是叫“明修栈道，暗度陈仓”？

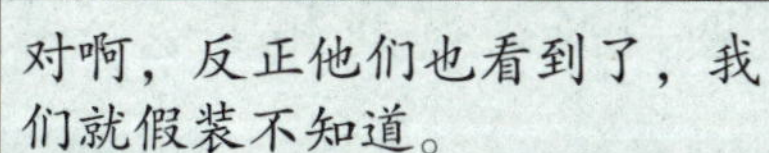
对啊，反正他们也看到了，我们就假装不知道。

我这就根据这些辩词，再去写一份新的！

这次你可要把稿子给收好呀！
放心好了，你就等着看我的精彩比赛吧！

逞强并非明智之举，缺乏计划和策略只会自陷困境，成为他人的靶子。在生活和工作中，智慧地应对、顺势而为是关键。我们应学会隐藏实力，暗中筹划，甚至设下迷局来迷惑对手。这样，我们才能捕捉最佳时机，一旦行动，势如破竹，无人可挡。这才是通往成功之路的明智选择。

明修栈道，暗度陈仓

事以密成，成功之道在于默默积蓄力量。低调行事，不张扬，深谋远虑，耐心等待时机，暗中磨砺自身本领，积累知识与经验，待到时机成熟，就可以一展宏图，成就非凡事业。

公元前207年，刘邦率领起义军势如破竹，直指秦都咸阳。秦王子婴见大势已去，只得选择投降，强大的秦王朝在这一刻正式结束。然而，项羽对刘邦率先入关的举动心生不满，在刘邦撤军之后，他率领40万大军进驻咸阳，自封“西楚霸王”，将刘邦封为管辖巴蜀、汉中之地的汉王，同时将富饶的关中之地分封给三位投降的秦将，企图以此遏制刘邦重返关中的可能。

刘邦深知自己当前兵力不足，无法与项羽抗衡，只能暂且接受封号，前往自己的封地南郑（今属陕西）。途中，谋士张良向刘邦献策，为了迷惑敌人并麻痹项羽，建议烧毁所经之地的栈道，以示不再返回关中。刘邦采纳了张良的建议，果然让项羽放松了警惕。

公元前206年刘邦抓住时机，利用有人反抗项羽的机会，

决定出兵进关。他采纳了大将韩信的计谋，派出士兵修复栈道，制造出要通过栈道进攻的假象。秦降将章邯得知此消息后，嗤之以鼻，认为此举不过是徒劳无功。然而，韩信的谋略远不止于此，他明修栈道是为了暗度陈仓。在修复栈道的掩护下，韩信亲自率领大军，从故道出其不意地攻下了陈仓。章邯得知陈仓失守，惊愕不已，匆忙调兵遣将前去救援，但为时已

晚。韩信乘胜追击，关中百姓纷纷叫好，最终汉军再次进驻咸阳，为刘邦战胜项羽，建立汉王朝奠定了坚实的基础。

面对与项羽的巨大差距，刘邦巧妙地隐藏了自己的雄心壮志，最终化解了危机，取得了胜利。

在竞争激烈的现代社会中，学会隐藏自己的抱负和野心，是一种聪明的做法。只有深藏不露，我们才能更好地积蓄力量，最终成就一番事业。因此，在追求梦想的道路上，我们需要学会在适当的时候收敛锋芒，用智慧去应对各种挑战，这样我们才能走得更远，进而实现自己的目标。

司马懿的上位之路

精于藏器者，深谋远虑，蓄势待发。在风云变幻中，他们如潜龙在渊，低调行事，暗中积蓄力量。一旦时机成熟，他们便会凭借智慧与勇气，果断出击，一击必中。他们是真正的英雄，以谋略书写传奇。

在三国时期众多豪杰中，司马懿以其深藏不露的智谋独树一帜。他的成功之道，在于那细致入微的谋划与深藏不露的行事风格。即便内心翻涌如波涛，他也能平静如水，表面不动声色。

司马懿生于东汉末年，那时的东汉已是风雨飘摇。他虽才学出众，见识广博，但深知出人头地非一日之功。因此，他选择静观其变，等待时机。当曹操崛起，成为一方霸主时，司马

懿却以风痹之疾为由，婉拒了曹操的征召。他深知，此时天下未定，谁主沉浮仍是未知数，故选择深藏不露，蓄势待发。

然而，司马懿并未真正与世隔绝，他时刻关注着朝堂局势的变动，谋划着如何出山实现抱负。当曹操击败袁绍，成为天下最强的霸主时，司马懿终于看到了机会，欣然应召。此后，他依旧时刻保持低调的作风，不张扬，默默观察朝堂的风云变幻。正是因为这份沉稳与智慧，他总能做出正确的选择，仕途之路越走越宽，最终成为曹魏政权的重臣，权倾朝野。

在辅佐幼主曹芳时，面对曹爽的排挤与打压，司马懿并未选择明争，而是巧妙地以退为进。他假借养病之名，不问政事，实则暗中布置，准备反击。他重金收养死士，将其分散于京城各地，同时，他的儿子司马师、司马昭也暗中集结兵力，等待时机。最终，在嘉平元年（公元 249 年），发动高平陵政变一举消灭了曹爽集团，掌握了朝廷大权，为司马家族的崛起奠定了坚实的基础。

老谋深算的司马懿外表看似平静，但内心早已有了周密的计划。他总是能巧妙地隐藏自己的真实想法，等待最佳时机到来才果断行动。如果他过早地暴露了自己的底牌，可能早在曹操执政时期，像孔融、杨修那样遭遇不测，哪还能成为后来的曹魏四朝元老，掌控整个政权呢？正是司马懿这种深藏不露的智慧，让他能够稳步前进，最终成为曹魏的权力核心。

谋进藏巧，这一策略背后折射出的是深沉的智慧与无畏的勇气。不仅是对目标的精准把握，更是对未知环境的审慎应对。暗中谋划，显露出的是对目标坚定不移的决心和巧妙布局的能力。在复杂多变的环境中，只有深思熟虑、精心策划，才能确保行动的成功。这种谋略不仅适用于进藏之路，更是人生道路上不可或缺的智慧之光。

思维闪光时刻

- 刘邦与秦朝的终结
  - 刘邦攻入咸阳
  - 秦王子婴投降
  - 项羽的封赏与刘邦的隐忍
- 刘邦的策略
  - 张良的建议：烧毁栈道
  - 韩信的计谋：明修栈道，暗度陈仓
  - 汉军再次进驻咸阳
- 现代社会启示
  - 隐藏抱负与野心
- 司马懿的上位之路
  - 司马懿的智谋与深藏不露
  - 婉拒曹操征召，等待时机
  - 辅佐曹操，时刻保持低调的作风
  - 面对曹爽排挤与打压，以退为进
  - 消灭曹爽集团，掌握大权
  - 司马懿的智慧的深远影响

大智者若愚，无智者夸夸其谈

真正有智慧的人，总是谦逊低调，因为他们知道世界之大，自己只是其中一小部分。而那些没什么真才实学的人，却总爱炫耀，好像自己无所不知、无所不能。智者往往看起来很普通，但关键时刻总能展现出才华和智谋，最终取得成功。而那些无知的人，就像盲人骑瞎马，最终只会惹祸上身。

说大话的下场

你们聊什么呢？

小恒整天吹嘘自己，结果被老师当真了，现在赶鸭子上架，要去参加长跑比赛了。

我记得敬远好像跑步特别厉害，你可以向他请教一下跑步技巧。

我现在临时抱佛脚还来得及吗？
没问题的。

先试试，实在不行，咱们就去和老师说实话吧，以后没有真才实学，可千万不能吹嘘了。

好，就按照你们说的办，请你们相信我，我以后再也不说大话了。

深谋远虑的人做人低调，做事踏实，就像熟透的果实，越饱满越低垂，显得特别谦逊。而那些浅薄的人，却喜欢跟风，凡事知道一点点就觉得自己了不起，到处吹牛。他们喜欢不懂装懂，夸大其词，这种行为只会让人反感，被人看不起。真正有才华的人，懂得谦虚和低调，他们不会随意炫耀自己的才华，因为知道炫耀可能会招来麻烦。如果不低调行事，最后可能自己吃了苦头，还不知道怎么回事。

纸上谈兵的赵括

无知的人总爱炫耀自己的智慧，好像无所不知，在人堆里吹牛，说得头头是道，好像什么都懂。但实际上，他们说的话往往没什么深度，也站不住脚，很难让人信服。真正聪明的人则很低调，知道知识是无边无际的，不会到处炫耀自己。

战国末年，秦国铁骑浩荡，直逼赵国边境。赵国倾全国之力，以廉颇为帅，在长平与秦军展开殊死较量。面对秦军的凶猛攻势，赵军初战受挫，廉颇果断选择坚守不出，意图挫伤

秦军锐气，消耗其粮草。秦军虽强势，但粮草不济，深知久战不利。

然而，赵孝成王心急如焚，对廉颇的坚守战略极为不满。此时，秦军利用反间计，散布廉颇年迈怯战的谣言，同时极力推崇赵括的年轻与才华。赵孝成王信以为真，不顾蔺相如和赵括母亲的极力劝阻，执意任命赵括为统帅，代替廉颇指挥军队。

赵括年少时确实才华横溢，熟读兵书，常与父亲及将领们辩论兵法，滔滔不绝。他自信满满，自以为熟读兵书，便能统帅三军。然而，他缺乏实战经验，不知变通，更不懂得战争的残酷与无情。

赵括上任后，轻率地改变了赵军的作战部署，决定全线出击。然而，他的兵法在实战中却毫无用处，反而因其自负和浅薄，中了秦将白起的诱敌之计。白起巧妙地诈败，引诱赵括追击，随后截断赵军的粮道，将赵军分割包围。赵军瞬间崩溃，数十万名将士沦为俘虏，最终被秦军坑杀。赵括也身中乱箭，命丧沙场。

此役后，赵国元气大伤，国势日渐衰微。赵括的轻率与自负，不仅葬送了自己的性命，更让赵国陷入了万劫不复的境地。

赵括自称兵法高手，炫耀才能，却无真才实学。他不知战场用兵的计谋，更不识自身的短处，终致惨败，连累无数将士与赵国。这种自大行为愚蠢至极，必然招致毁灭。我们应以赵括为鉴，保持谦逊谨慎，有真才实学则展现，无真才实学则低调行事。这样才能避免重蹈覆辙，逐步走向成功。

学会内敛，克制自我

才华横溢却炫耀无度，只会惹人非议，更别提浅薄无知还狂妄自大之人。要学会内敛，克制自我，保持谦逊低调的态度。这不仅是智慧的象征，更是通往成功的不二法门。唯有低调做人，才能稳健前行，长久地立于不败之地。

金朝熙宗在位时，徒单恭作为太原尹，手握重权。他渴望建立一种非凡与神秘的形象，于是命画师精心绘制了一幅佛像，并声称自己曾多次亲眼见到佛祖，与画中的佛像如出一辙，这是大吉大利的征兆。

虽然众人都心知肚明这是徒单恭的虚荣心在作祟，但为了迎合他，还是纷纷附和，称颂佛祖的降临为徒单恭带来了无尽的福报。于是，徒单恭假借佛祖显灵之名，强制各州县官吏向百姓征收重税，声称这是为了铸造金佛像答谢佛祖的恩赐。然而，这些钱财却被他收入私囊，导致百姓怨声载道。

朝中一位正直的大臣听闻此事后，愤然上书弹劾徒单恭，痛斥他假借佛祖之名欺骗百姓，贪婪无度。熙宗皇帝得知此事后震怒不已，即刻革去徒单恭的官职，并命人彻查此事。

然而，失去官职的徒单恭并未收敛，他依旧自命不凡，常与文人墨客饮酒赋诗。但他的诗文拙劣，令人啼笑皆非。他更是扬言自己将东山再起，以贤人自居，期待有朝一日能重返官场。

此时，海陵王完颜亮发动政变，自立为帝。徒单恭因女儿成为皇后而重获权势，被任命为宰相。他借此机会频频更改朝廷制度，卖弄自己的才学。他的狂妄自大最终引起了完颜亮的不满和

警告。完颜亮欲治其罪，在众臣的求情之下才网开一面。然而，这场风波已让徒单恭身心俱疲，不久后便离世。

徒单恭为了炫耀，费尽心思却成了笑柄，最终因此丢了性命。这样的人虽然可笑，但并不少见，有人没有真才实学却爱不懂装懂，稍有成就就炫耀不停。虽然能短暂地博人眼球，但时间一长，真实水平就会暴露。一旦被揭穿，名誉扫地，甚至会付出惨重代价。实际上，真正的才华和智慧无须炫耀，保持内敛和谦逊才能长久。我们应以此为戒，踏实做事，不骄不躁。

不要过分张扬

大智者往往深藏不露，他们的智慧如同平静的深潭，不张扬却深不可测。他们明白，真正的智慧不是为了展示给别人看，而是为了解决问题、帮助他人。因此，他们从不炫耀自己的才华。

相反，那些缺乏智慧的人，总喜欢夸夸其谈，夸大自己的能力。他们以为自己很了不起，但往往因为言辞浮夸而暴露了自己的浅薄。他们的夸夸其谈不仅得不到别人的尊重，反而容易使自己成为他人嘲笑的对象。

所以，我们应该学会保持谦逊，不要过分张扬自己的才华。真正的智慧是内敛而深沉的，它让我们在面对困难时更加冷静从容，能够更明智地做出决策。这样，我们才能成为真正有智慧的人。

思维闪光时刻

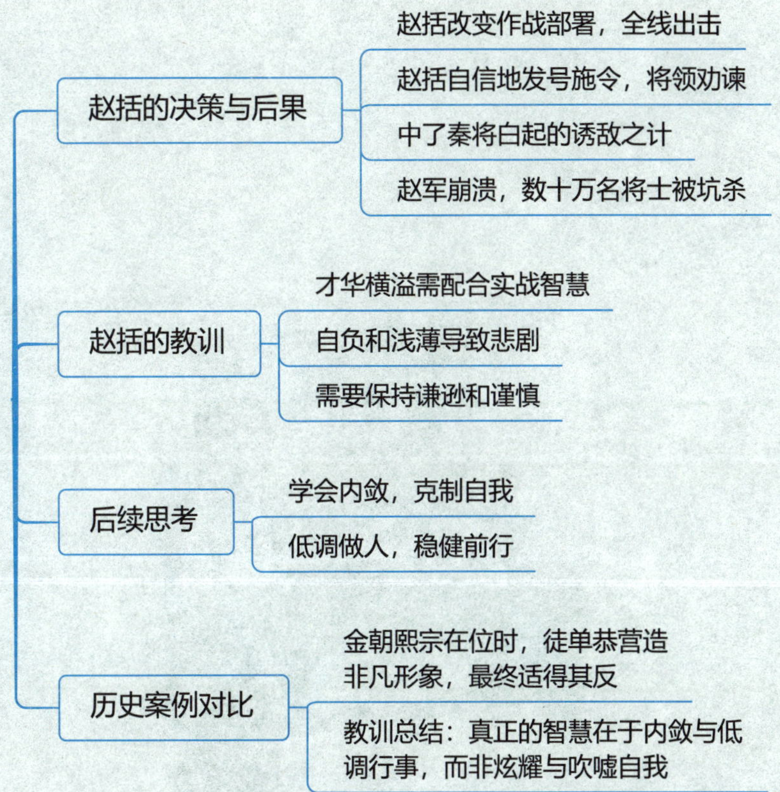
赵括的决策与后果
赵括改变作战部署，全线出击
赵括自信地发号施令，将领劝谏
中了秦将白起的诱敌之计
赵军崩溃，数十万名将士被坑杀
赵括的教训
才华横溢需配合实战智慧
自负和浅薄导致悲剧
需要保持谦逊和谨慎
后续思考
学会内敛，克制自我
低调做人，稳健前行
历史案例对比
金朝熙宗在位时，徒单恭营造非凡形象，最终适得其反
教训总结：真正的智慧在于内敛与低调行事，而非炫耀与吹嘘自我

第二章
能屈能伸，知进退取舍者胜

能屈能伸，方显英雄本色。在风云变幻的局势中，知进退懂取舍的人，才能立于不败之地。他们懂得在逆境中低头，积蓄力量；在顺境中出击，把握机遇。这种智慧与胆识，使他们在人生的道路上不断前行，无论遇到何种挑战，都能从容应对，最终取得成功。

百忍成金，能屈能伸才是大丈夫

从古至今，几乎所有成功的人都经历过“忍辱负重”的考验。他们学会控制自己，忍耐困苦，在困难中积蓄力量，深思熟虑后找到对策，最终成就非凡的功业和远大的志向。暂时的忍耐不仅能帮助我们摆脱被动的局面，还能锻炼我们的意志力，培养坚韧不拔的精神。

真正的大丈夫

做错事不肯道歉可不是男子汉大丈夫该有的行为，道歉不代表软弱，反倒是展现男子气概的行为。

李想说得没错，道歉可以化解矛盾减少冲突，还能体现你的个人修养。

我知道错了，对不起，请你原谅我。
算了，我原谅你，以后多注意就行。

好了，大家继续玩儿吧，都小心点儿。

看来这次矛盾解决得还不错。
是啊，聪明的人才不会在这种小事上斤斤计较。

忍辱，是每个通往成功路上的人都必须学习的课程。想要成就一番大事业，就必须学会忍受委屈和侮辱。一个人如果缺乏宽广的胸怀，只知道张扬，那他很难成为真正的佼佼者。那些所谓的自尊心，往往会成为成功路上的绊脚石。

做大事的人，必须懂得衡量事情的轻重缓急。当忍耐可以为我们带来更大的利益时，不如忍一时之气，成一世之功。

懂得忍让

在无关紧要的小事上，我们应该学会放眼长远，别总在小细节上斤斤计较。邻里之间、朋友之间难免会有些小摩擦，这个时候，相互忍让或许是最好的解决方式。懂得忍让的人，展现了他们的智慧和度量，这样的人往往更有深度和力量，也更容易成就一番事业。相反，总是逞强好胜，只会让关系变得紧张，甚至伤害到自己和他人。

清朝康熙年间，有一位名叫张英的官员。他的故居与吴家毗邻，中间是一条狭窄的巷子，作为两家日常出入的通道。

有一年，吴家想要扩建新居，计划将这条巷子并入自家的建筑范围。对此，张家人表示坚决反对，双方因此陷入了僵持不下的局面，甚至还闹到了官府。

不久后，家人给张英写了一封信，信中详细叙述了争执的始末。张英细读了信件，心中涌起一股深深的感慨。在回信中，他挥毫泼墨，写下了四句充满哲理的诗句："千里家书只为墙，让他三尺又何妨？万里长城今犹在，不见当年秦始皇。"这首

诗虽简短，却蕴含着无尽的智慧。

张家人在收到回信后，瞬间领悟了张英的意图。他们主动退让三尺，以彰显对吴家的尊重与宽容。吴家见状，被张家的气度和胸怀所感动，也决定让出三尺地基。就这样，两家一共退让六尺，原本狭窄的巷子变得宽敞明亮，后来人们称之为“六尺巷”。

“六尺巷”的故事在民间广为传颂，成为谦让与宽容的佳

话。它教导我们，在面对纷争与冲突时，应当学会用宽容与谦让去化解矛盾，用理解与尊重去营造和谐的人际关系。这种高尚的品质和境界，值得我们每一个人学习和传承。

忍让彰显了非凡的智慧与力量。它并非软弱的象征，而是一种大智大勇的崇高行为。通过忍让，我们能够巧妙地化解矛盾，减少冲突，从而赢得他人的尊重与支持。这种智慧的力量，不仅体现了个人的修养与胸怀，更促进了社会的和谐与稳定。因此，让我们学会忍让，用宽广的胸怀和博大的智慧，共同构建一个更加和谐美好的世界吧！

“委曲求全”不是懦弱

“委曲求全”不是懦弱，而是智慧的体现，它意味着为了更大的目标而暂时舍弃小利。在成功的道路上，完美是终极目标，而“求全”则是追求完美的过程。若能以短暂委屈换取完美，这无疑是值得的。

韩信是名震天下的西汉名将，他的武功与智慧为后世所传颂。然而，在他显赫一时的背后，却有着不为人知的艰辛与屈辱。

当年，韩信还是一个平平无奇的平民，生活在社会底层，无依无靠。他既无官职傍身，又无经商之才，生活艰难到不得不寄人篱下。就在一个寂静的午后，当韩信孤独地在街上徘徊时，有一群恶少当众羞辱韩信。有一个屠夫对韩信说：“你虽

然长得又高又大，喜欢带着剑，其实你胆子小得很！有本事的话，你敢用你的佩剑来刺我吗？如果不敢，就从我的裤裆下钻过去。”

面对这样的挑衅与侮辱，韩信的内心充满了愤慨与屈辱。然而，他深知硬拼只会让自己陷入更加危险的境地。于是，他选择了忍辱负重，弯腰从屠夫胯下钻过。这一举动立刻引起了满街百姓的哄笑与讥讽，人们纷纷嘲笑他胆小怕事，断言他将来必定一事无成。

然而，韩信并未因此而气馁。他深知，只有忍辱负重、委曲求全，才能在困境中得到一线生机。于是，他闭门苦读兵法，潜心研究战争策略，终于掌握一身过人的军事本领。后来，他得到了汉王刘邦的赏识与重用，被拜为大将军。在反抗秦王朝统治的战争中，他统领全军，英勇善战，立下赫赫战功，威名远扬。

面对胯下之辱韩信没有急于展现匹夫之勇，而是忍辱负重，最终威名远扬，为汉朝的建立立下了不朽的功勋。当我们想要成就一番事业时，难免会遇到困难和挫折和挫折。面对这些困难，我们不能硬拼，而是要学会低头、妥协，有时候，这样做看起来好像很懦弱，但实际上是智慧的体现。这样做不仅可以让我们避免更大的损失，还能迷惑对手，让他们放松警惕。所以，面对嘲讽和刁难时，我们要保持冷静，将危机转化为机遇，这才是真正的智慧所在。

忍让是一种卓越的处世智慧

忍耐，是成功路上的重要品质。人们常说“忍耐有限”的人，往往难以取得大成就。智者明白，在复杂世界里，适当忍让是明智之举。在不违反道德和原则的前提下，忍让能展现一个人的宽广胸怀和高尚品质。智者不会在小事上斤斤计较，他们知道要节省精力，避免无谓争执。面对实力悬殊的情况时，

以退为进、化解冲突更聪明。宽容和理解是构建成功人生的基石。

思维闪光时刻

- 忍让的智慧与力量
  - 忍让并非软弱，而是一种大智大勇的崇高行为
  - 通过忍让，能够巧妙地化解矛盾，减少冲突
  - 忍让体现了个人修养与胸怀，促进了社会的和谐与稳定
- “委曲求全”不是懦弱
  - “委曲求全”是智慧的体现，它意味着为了更大的目标而暂时舍弃小利
  - 成功的道路上，完美是终极目标，“求全”是追求完美的过程
  - 韩信的艰辛与屈辱经历，凸显了“委曲求全”的智慧选择

冲动是魔鬼，学会掌控自己的情绪

地位差异易生误会，受辱让人难过伤心。生命珍贵别冲动，心存报复只会害自己。要学会忍辱负重，把愤怒转化为力量。珍惜生命要明智，化解困难走向胜利。

冲动是魔鬼

我觉得敬远真的不是故意的。再说了，你之前不是也不小心把他的衣服弄脏了吗？

两天前
不好意思呀，我不是故意的。
没关系，我知道你不是故意的，衣服脏了，洗干净就好了。

对不起，其实是我创作遇到了“瓶颈”，所以心情不好，没能控制好情绪，对你发火了，真是对不起！
没关系，咱们可以一起想办法。

我觉得这里可以加点儿小创意。

没想到你们两个这么快就和好了。
是啊，画也画得很棒呢！

冲动是魔鬼，我以后一定好好控制情绪，再也不乱发火了。

人在大部分时候是理性的，但也会因为某些原因情绪失控，对他人乱发脾气。遭遇凌辱时难免会冲动回应，那样只会加剧矛盾，甚至引发暴力冲突，伤人伤己。世界难有绝对的公平，受欺压时别冲动。要掌控情绪，别用极端行为发泄，否则会被看作不理智、气量小。用冷静和智慧面对不公，才能避免更多伤害，从而走向成功。

不被情绪左右

智者懂得控制怒火，不让情绪左右其决策。侮辱虽然让人难以忍受，但并非绝路，不必过于在意。人生是绚丽多彩的，一时的侮辱只是成长中的小插曲。保持冷静，理性应对，避免冲动带来的困境，这才是明智之举。

一天，匈奴单于派遣使者带着一封书信来见吕后，信中言辞轻佻，竟自喻孤独的君王，并提及吕后丧夫之事，暗示两人可以共度余生。这种公然的侮辱，对一向刚毅果决的吕后来

说，无疑是巨大的挑衅。

吕后愤怒之下，召集了陈平、樊哙、季布等朝中重臣，商讨对策。她原本打算严惩使者，并立即发兵匈奴，以雪前耻。然而，汉朝当时国力尚未恢复，与强大的匈奴相比，显然处于劣势。

此时季布站了出来，冷静地分析道："匈奴人十分野蛮，他们的言辞无论是恭维还是侮辱，都不应动摇我们的决心。如果因为愤怒而仓促出兵，只会让汉朝陷入更加危险的境地。"

吕后听后，深吸一口气，平复了内心的愤怒。她深知季布所言非虚，汉朝需要的是时间，是休养生息的机会。于是，她挥笔写下一封回信，言辞谦卑，却又不失尊严。她写道："单于大人垂爱，带来书信，我朝上下感激不尽。单于风华正茂，老妾虽有心侍奉，但年事已高，容颜衰老，行动不便，恐有辱单于之尊。因此，特献上御车二乘，马二驷，以表我朝诚意。"

吕后的这一举动，看似是向匈奴低头，实则展现了她英明的政治智慧和远见。她为汉朝争取到了宝贵的喘息时间，为后来的“文景之治”和汉武帝大战匈奴奠定了坚实的基础。

吕后遭遇匈奴单于的侮辱，起初怒火中烧，想要立刻出兵反击。但经过大臣们的明智劝说，她冷静下来。她知道，冲动只会让局面更糟，毁掉现有的优势。作为国家的掌舵者，吕后深知大局为重。她选择了忍受屈辱，稳定局势。她知道，暂时的忍耐，是为了未来的胜利。这种胸怀天下的智慧，让她能够做出正确的选择，为汉朝的未来铺平道路。

以平和的心态面对烦心事

面对那些烦心的事情，我们不应该轻易发火，要学会保持冷静和理智。只有保持这样的心态，我们才能在人生的道路上走得更远，取得更大的成就，最终创造出属于自己的非凡人生。让我们以平和的心态面对世界，共同创造美好的未来吧！

刘邦是汉朝的开国皇帝，他虽不像其他英雄那样以英勇善战、智谋无双闻名，但他凭借对人心的敏锐洞察，最终坐上了龙椅。他来自市井，身上带着一股特有的洒脱和直率，这种性格在他登基后也自然流露出来，有时他甚至会做出一些不拘小节的举动。

然而，这些举动在大臣周昌看来，却不符合君王的言行。周昌是个直性子，他毫不掩饰地批评刘邦，甚至将他比作历史

上的昏君夏桀和商纣，直言刘邦的某些行为与他们相似。这对于一位帝王来说，无疑是当面打脸，让人难以接受。

但刘邦并没有因此发火，也没有为自己辩解。他选择用一种宽容和豁达的心态去面对周昌的批评。他笑得前仰后合，仿佛在欣赏这难得的直言不讳。同时，他也虚心地接受了周昌的建议，决定改掉自己的缺点。

这一转变让人们对刘邦刮目相看。他展现出了帝王的胸怀和气度，也显示了他对治国理政的深刻理解。他明白，一个皇帝要想长久地治理国家，就必须虚心听取大臣们的意见，不断改进自身缺点。

从此，刘邦开始收敛自己的不羁与率真，变得更加稳重和成熟。他努力成为一个让臣子们敬仰和信赖的好皇帝。他的这种转变不仅赢得了大臣们的尊重和支持，也为汉朝的繁荣稳定奠定了坚实的基础。

面对大臣的直言不讳，刘邦并未动怒，反而以豁达的胸怀应对。他深知，作为帝王，除了勇气与智慧，更需具备宽广的胸怀与博大的气度。刘邦以实际行动，展示了他能够包容不同声音，勇于面对并改正自身缺点的品质。这种胸怀与气度，不仅赢得了大臣们的尊重，也为他一代明君的形象增添了光辉。

学会掌控情绪

冲动，如同潜伏在人心中的魔鬼，一旦失控，便会带来无尽的灾难。在生活中，我们时常会面临各种挑战和困难，这些都会引发我们内心的情绪波动。然而，真正的强者，不是那些从不生气的人，而是那些能够在愤怒时迅速冷静下来，并掌控自己情绪的人。

学会掌控自己的情绪，意味着我们能够在关键时刻保持

冷静，不被愤怒冲昏头脑。这需要我们拥有强大的内心和坚定的意志，去克服外界的诱惑和内心的恐惧。当我们学会掌控自己的情绪后，就能更加理智地面对问题，找到解决问题的最佳方法。

思维闪光时刻

学会掌控情绪的重要性

- 情绪失控的负面影响：带来灾难，影响决策
- 掌控情绪的能力：保持冷静，理智面对问题
- 如何掌控情绪：强大内心，坚定意志，克服诱惑与恐惧
- 掌控情绪的好处：更理智地面对问题，找到解决问题的最佳方法

善用聪明，不要轻易显露你的才智

纵观历史，上位者常对身边的聪明人保持警惕。聪明人虽然办事效率高，但是过人的才智对于上位者来说也是一种威胁。相比之下，愚笨且顺从者更容易获得上位者的信赖。因此，顶尖的智慧在于：即便聪颖，也应学会适时收敛，不轻易显露。

比起出风头，我们更应该藏锋

你是不是当上副班长以后太出风头了？

小恒数学不好，想要找班长补习，我告诉他班长的数学也不好，让他来找我，我帮他补习。

还有菲菲，他们文艺汇演想让班长帮忙彩排，我怕班长太忙，就主动提出代替班长。

对了，还有敬远，他报名参加绘画比赛，约了班长去公园写生，我主动提出代替班长，陪他一起去公园写生。

问题就在这里。你并没有经过班长的同意，自作聪明替他做决定，看似为班长分担，实则是出风头，难怪他会埋怨你。

原来是我做错了，那我明天到学校就去和班长道歉。

上位者偏好相对愚钝或才能不及自己的人，主要是出于是否会被取代的忧虑和易于掌控的考量。在谋略思维中，我们提倡即使天资聪颖，也应谨慎行事，不张扬过人的才智。因为过度的聪明可能引发上位者的不安，而适度的藏锋则有助于维护和谐的关系，确保个人的安全与发展。

韬光养晦，换他日胜势

我们必须明白，炫耀聪明或令上位者出丑的行为，表面上看起来自己出了风头，实则是愚蠢之举。相反，那些能力看似普通的人，因懂得藏锋而赢得上位者的喜爱，这背后隐藏着真正的大智慧与大谋略。

在北齐的辉煌历史中，高洋堪称一位非凡的君主。他治国有方，初登大宝便致力于削减州郡、整顿吏治、强化军队，短时间内便使北齐的国力变得强盛，百姓安居乐业。他坚持法

治，无论贵贱，一视同仁，其政策在推动经济繁荣、民生改善、社会和谐以及军事强化等方面均产生了深远的影响。

然而，在登上皇位之前，高洋的形象却与傻子无异。他沉默寡言，呆滞木讷，甚至连自己的妻子被兄弟欺负也视而不见。这一切并非他真的愚昧，而是他有意为之。少年时期的高洋其实是个神童，才学出众，但因哥哥高澄的嫉妒和杀意，他选择装疯卖傻来保全自己的性命。他整日挂着鼻涕，智力似乎退化，对哥哥的话更是言听计从，毫无异议。

高洋的装傻不仅让高澄放松了警惕，更让他自己逐渐远离了政坛的旋涡。他的兴趣似乎转向了制作小玩意儿，即使被哥哥夺走也从不生气，只是憨笑几声。然而，这背后却隐藏着他深厚的城府和耐心，他在等待一个真正属于自己的机会。

当高澄因叛乱被刺身亡时，高洋立刻展现出了他真正的面目。他迅速平定叛乱，接管大权，展现出了卓越的领导才能和果断的行事风格。他执掌朝政的那一刻，人们才惊讶地发现，

那个曾经的“傻子”已经变成一个英武果敢的权臣。他晋升宰相，受封为齐王，最终建立了北齐。高洋的故事告诉我们，真正的智慧不在于表面的聪明或愚笨，而在于能够审时度势，从而做出最明智的选择。

高洋的智谋令人叹服。他巧妙地运用大智若愚的策略，免受哥哥的迫害，静待反击的时机。他忍辱负重，终于把握住机遇，从高澄之死到接管政权，再到迫使傀儡皇帝退位，建立北齐王朝，仅用了九个月的时间，完成了权臣难以企及的壮举。

枪打出头鸟，聪明反被聪明误

与上位者来往，看起来并不太难，实际上背后隐藏着很多小陷阱。我们可巧妙地运用策略，稍显笨拙，故意显露小瑕疵，以此减少关注。这样，即便我们才华横溢，亦能避免“木秀于林，风必摧之”的危机，确保自身安全与发展。

三国时期，杨修以其卓越的才智和敏锐的洞察力崭露头角。年少成名的他，年轻时便受到曹操的青睐，担任主簿一职。然而，杨修并未因少年得志而收敛锋芒，反而因才华横溢而自视甚高。

他擅长揣摩人心，尤其能洞悉曹操的心理。一次，曹操视察新修的大门后，仅留下一个“活”字便离开。杨修即刻领会其中深意，命令工匠缩小门的尺寸。当曹操再次见到改造后的门时，虽表面赞许，但内心却对杨修的才智产生了嫉妒。

又有一次，曹操与杨修同行时，见曹娥碑上刻有“黄绢、幼妇、外孙、齑臼”八字。曹操询问杨修是否理解其意，杨修巧妙解释，赢得了曹操的认可，但这份认可背后，却隐藏着更深的嫉妒。

曹操生性多疑，常恐人害己。一次，他故意说常在梦中杀害近侍，以试探人心。杨修却一语道破真相，直言“丞相非在梦中，君乃在梦中耳”。这让曹操对杨修的防备更加浓烈。

终于，在征伐汉中的过程中，杨修因“鸡肋”事件触怒了曹操。曹操进退两难之际，杨修却根据“鸡肋”二字推断出曹操意图退兵，并私自传达给将士们。这一举动让曹操忍无可忍，最终下令处死杨修。

杨修的一生，虽短暂却辉煌。他以才智赢得了尊重，却也因才智招来了杀身之祸。他的故事，成为三国历史上一段令人唏嘘的传奇。

杨修若真有大智慧，即便深知曹操退兵前的两难困境，也应保持沉默。他跟随曹操多年，本应深知其多疑与暴戾的性格。然而，他过于自信，以为曹操不会把自己怎么样。这种炫耀自己的做法，实际上是在贬低曹操，这是他谋略的败笔。真正的聪明人，不会因小聪明而自毁前程，他们懂得谦逊与低调，避免引起麻烦。

知者不言，言者不知

真正的智者低调谦逊，不轻易表露观点，而轻率者则缺乏深思。在人际交往中，别急于炫耀自己，因为话多易失言。我们应谦虚好学，持续学习成长。在职场中，过分表现可能会受领导打压，阻碍个人发展。聪明人的高明之处在于他们懂得藏锋，不显露全部实力，以维持和谐的人际关系和促进职业发

展。这样，他们才能走得更稳更远。

思维闪光时刻

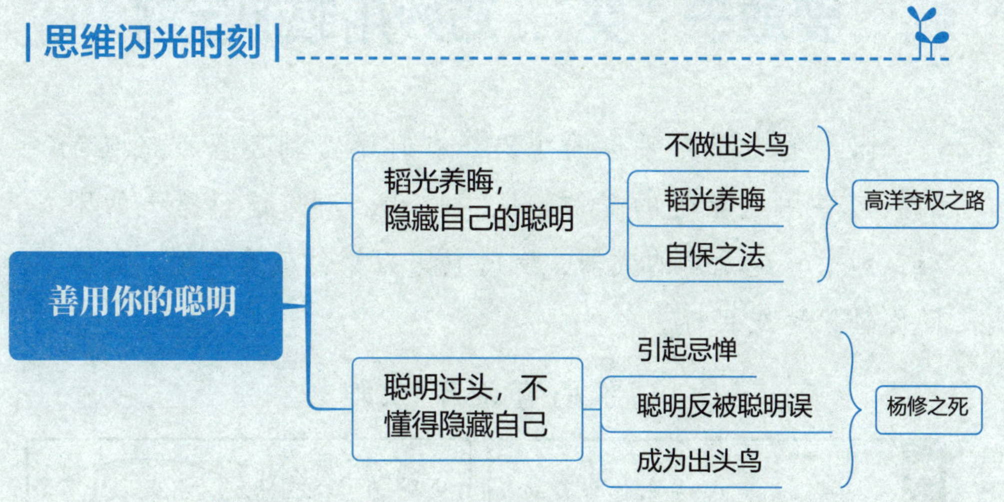

要敢于“哭”，巧妙用眼泪示弱

眼泪的力量超乎你的想象，有时比刀剑还强。有抱负的人应善用这宝贵的资源，保护自己，清除前行路上的困难。别小看这无声的武器，有时它比刀枪剑戟更有用，能够助你轻松达成目标。

男儿有泪不轻弹

不是都说男儿有泪不轻弹吗？
你只记得前半句，却不知道后半句是——只是未到伤心处。

谢谢爸爸的安慰，现在我心里舒服多了。
哈哈，多大了还要撒娇。

虽然我的心情已经平复了，但是爸爸的开导真的很有帮助，至少我明白了掉眼泪不等于软弱。
你说得没错。

不过，您是怎么知道的？难不成您也哭过？
每个人都是哭着来到这个世界上的，爸爸也不例外。

还是第一次听爸爸说这些事情呢。
虽然眼泪不能解决问题，但是在关键时刻它比其他任何化解矛盾的武器都有用。

我记住了爸爸。
那就好，走吧，咱们一起去吃早餐吧！

眼泪能赚取同情，瓦解对方的斗志。要达成愿望，策略很重要。求人办事时，不妨脸皮厚点，用眼泪激发对方的同情心。这样，对方更容易在情感上与你共鸣，接受你的请求。这种“泪弹”战术非常有效，历史上许多政治家都善用此招，屡试不爽。因此，关键时刻，不妨让眼泪成为你的有力武器，助你轻松达成目标。

善用眼泪

人类情感丰富，而流泪是情感的真实流露，能引发共鸣，化解敌意。但眼泪多了就贬值了，只有罕见的“英雄泪”才最为感人。总用眼泪博同情，反而会被视为懦弱。成功需要努力，眼泪可以做辅助却换不来一切。

唐朝灭亡后，中原大地陷入了一段漫长的混乱时期，史称五代十国。在这乱世之中，后唐作为五代的第二个朝代，其开国皇帝李存勖的英勇事迹被传为佳话。然而，历史的车轮滚滚向前，后唐的辉煌逐渐黯淡。

后唐的新皇帝——闵帝李从厚并未继承先帝的英明与果敢，他性格优柔寡断，还重用了朱弘昭和冯赟这两个奸臣，使得朝廷上下乌烟瘴气。

与此同时，后潞王李从珂因权势过大而成为朱、冯二人的眼中钉。李从厚担心李从珂的威胁，加上朱、冯二人的煽动，开始采取措施压制李从珂。他将李从珂的儿子贬出京城，又将他的女儿召入宫中作为人质。更为过分的是，他让洋王李从璋

取代了李从珂的节度使之位，并命后者前往河东。

在生死关头，李从珂站在城墙之上，望着攻城的军队，心中充满了绝望。但当他看到城墙下许多曾与他并肩作战的将士时，他心中涌起了一股悲凉之气。他脱下上衣，露出身上的伤疤，放声大哭。他的哭声里充满了悲愤与无奈，也充满了对过去时光的怀念和对未来的绝望。

城墙下的将士们被他的哭声所感动，意识到他们正在为奸臣效力，攻击自己的友军。羽林指挥使杨思权更是高声呼喊："这才是我们的主人！"众将士齐声应和，纷纷反戈相向。

从此，李从珂率领这支忠诚的军队，一路攻向京城。他的军队势如破竹，所到之处无不归附。最终，他成功地将李从厚赶出京城，自己坐上了皇帝的宝座。

李从珂对国家忠心耿耿，身上满是战斗的伤疤。当他脱下外衣，露出这些伤疤，站在城墙上放声大哭时，那份悲壮和忠诚让每个人都感到心痛。眼泪成为李从珂扭转局势的神奇钥匙。他巧妙地利用了人们的同情心，将这份同情转化为支持自己的力量，以极小的代价换来了巨大的回报。但是，这种策略并非万能，也不能滥用。当你遇到困境，找不到出路时，不妨停下来想一想，自己是否已经用尽了所有的办法。因为，有时候，就像李从珂那样，深情的眼泪，可能就是你走向成功、实现翻盘的机会。

会哭也是智慧的体现

在复杂多变的人生舞台上，我们有时需要敢于"哭"，这不仅是一种情感的宣泄，更是一种智慧的体现。巧妙地利用眼泪示弱，我们能够有效地动摇对方的立场，激发其同情心与共鸣。

在《三国演义》中，刘备的"哭技"堪称一绝。每当他流

泪时，总能触动人心，赢取他人的同情与支持，甚至转化为实实在在的利益。

记得那次，赵云七进七出曹军大营，为救刘备的儿子阿斗和两位夫人，英勇无比。当赵云将阿斗交到刘备手中时，刘备却出人意料地痛哭流涕，甚至将阿斗摔于地上。这看似是对阿斗的轻视，实则是对赵云的深深感激和敬重。他的这一举动，让赵云深感自己在刘备心中的重要地位，从此便死心塌地地跟随他打天下。

徐庶曾经是刘备的军师，后来把诸葛亮推荐给刘备。当初徐庶的母亲被曹操掳走，被迫离开刘备，刘备更是哭得撕心裂肺。他一路送，一路哭，直到徐庶保证进曹营后一言不发，刘备才稍稍安心。然而，他依然拉着徐庶的手，泪流满面。这一哭，让徐庶心中充满了对刘备的感激。

而刘备的“哭技”最大的收获，莫过于荆州城。他仅凭几滴眼泪，就成功地保住了这座城池，没有动用一兵一卒，也没

有复杂的计谋。他的这一招虽然让人诟病，但无疑是他智慧的体现。

刘备的“哭”，是他情感的真实流露，也是他智慧的展现。他用这一招，既赢得了人心，又赢得了天下。

刘备在汉末乱世中，几乎是从零开始，却最终成就了一番霸业。他凭借的不仅仅是自身的智谋和勇气，更有那独特的“英雄泪”。这“英雄泪”并非软弱，而是他情感的真实流露，也是他凝聚人心、激励将士的利器。每当关键时刻，刘备的泪水总能唤起他人的共鸣，激发团队的斗志。因此，称他为一世英雄，实至名归，他的“英雄泪”无疑是他成功的重要因素之一。

眼泪，是心灵深处的泉水，它有着超乎想象的力量，能够穿透人心，触动他人内心的柔软之处。当我们遭遇困境，面临挑战时，不妨学会用眼泪作为武器，以柔克刚，以弱胜强。当然，这种示弱并非真的软弱，而是一种策略、一种智慧。我们要在关键时刻，敢于展现自己的脆弱，以赢得他人的理解与支

持，从而更好地实现自己的目标和梦想。

思维闪光时刻

- 李从珂的逆袭
  - 被打压：权势过大受朱、冯二人打压
  - 情感动员：脱下上衣，露出伤疤，放声大哭
  - 士兵倒戈：让忠诚将士同情，成功反攻京城
- 刘备的“哭技”
  - 赵云救阿斗：感激之情，摔子示敬
  - 徐庶离别：依依不舍，入曹营一言不发
  - 荆州城：情感牌保住城池
- “会哭”的智慧
  - 情感宣泄：情感的真实流露
  - 动摇立场：激发同情心与共鸣
  - 凝聚人心：唤起共鸣，激励斗志
- 结论
  - 眼泪的力量：穿透人心，触动他人内心柔软之处
  - 智慧的体现：用示弱以柔克刚，以弱胜强
  - 关键时刻：敢于展现脆弱，赢得理解与支持

第三章
运筹帷幄，善于扭转局势

智者独具慧眼，总能精准洞察先机，巧妙布置战略。在错综复杂的局势中，他们总能敏锐地捕捉细微变化，迅速调整策略，化危机为转机。他们的决策果断而灵活，既能稳守阵地，又能迅速出击，瞬间扭转局势。这种非凡的智慧与胆识，实在令人钦佩。

不苛求完美，避人所短，用人所长

在人际交往和日常生活中，如果苛求完美，往往会给自己带来巨大的心理负担和束缚，难以真正享受生活的自由和快乐。明智的领导应该根据下属的能力和优点来分配任务，而不是一味地追求完美的标准。这样，不仅可以最大限度地发掘每个人的潜力，还可以提高整个团队的效率和凝聚力。

各有所长

快爬呀，你也太慢了吧！
我……我真的好害怕啊！

算了，算了，这一点儿也不好玩儿，又累又可怕。
不是吧，攀岩多简单呀，你怎么连这也不会？

话可不能这么说，每个人的长处都不同，我不会攀岩，但是我会解密，我看那边的密室逃脱就不错，我们一起去玩。
不就是密室逃脱吗，这有什么难的？

对不起啊，是我低估你了，更没想到密室逃脱这么难，要不是有你，恐怕我都出不来了。
嘿嘿，小意思。

难怪你每个人说各有所长，虽然你不擅长攀岩，但是你解密很厉害。
没错，我们不能用他人的短处去评价这个人。

我明白了，应该发挥每个人的长处，这样才能将团队力量最大化！
对，就是这样！

缺陷和不足，在很多时候，都是成功路上的“保护色”，它们教会我们如何面对挑战，如何变得更加坚韧。真正聪明的人，往往能够坦然接受自己的不完美，也能够理解和包容他人的不足之处。他们懂得如何正确判断形势，如何恰当运用谋略，以达到自己的目标。他们活得洒脱而超然，不会因为一点儿小事而斤斤计较，更不会因为追求所谓的“完美”而束缚自己的心灵。

发掘和欣赏别人的价值

在现实生活中，完美无瑕的人是不存在的。领导者应该怀揣对人才的渴求之心，以更宽广的视野去审视每个人，还应该聚焦于人的本质和主要特点，从他们的长处出发，去发掘和欣赏他们的价值，同时要学会用更包容和理解的心态对待别人，不仅要看到他们的不足，更要看到他们的潜力和价值。

崇祯皇帝是一位勤勉的帝王，却难以抵挡明朝江河日下的颓势。17 岁登基的他，果断铲除了权臣魏忠贤，稳固了皇权，但此时的明朝已如同风中残烛，摇摇欲坠。崇祯皇帝虽心怀壮志，渴望扭转乾坤，但朝廷的积弊已深入骨髓，他的谆谆教诲如同石沉大海，并未引起群臣的警觉。

一次，崇祯皇帝对脱岗大臣的严厉惩处，更是让朝野震惊。当一位大臣为脱岗者求情时，崇祯皇帝不仅未予理会，反而严惩了求情者，这一举动令群臣缄默不言、噤若寒蝉。

崇祯元年(1628 年)，罕见的旱灾让明朝的局势雪上加霜。

崇祯皇帝愤怒地将责任归咎于群臣，斥责他们没能恪守天职，但礼部尚书钱象坤提出应以救灾为先，而非过度追究责任。然而，崇祯皇帝并未采纳他的建议，反而对钱象坤的进言大发雷霆。

在位期间，崇祯皇帝频繁更换重臣，对大臣的要求极高，不容许有丝毫瑕疵。然而，这种苛刻的态度使得群臣心生畏

惧，难以发挥所长。在一次关乎国家安危的军事会议上，面对国家危难，群臣竟无人敢发言，崇祯皇帝对此深感愤怒。一位心腹太监提醒他，对群臣过于严厉可能会让他们因畏惧而不敢进言。但崇祯皇帝仍固执己见，认为大臣软弱无能是国家的不幸，只能由自己独自承担治国重任。

直到生命的最后一刻，崇祯皇帝仍然没能认识到自己的固执和错误，反而将责任归咎于大臣们。他的一生充满了勤勉与执着，但过于刚愎自用的性格让他没能挽救明朝的颓势。

崇祯皇帝以勤勉著称，但在用人之道上的局限备受争议。事实上，问题并非在于缺乏贤臣良将，而在于崇祯皇帝用人时过于追求完美。这种极端的性格无疑阻碍了他对人、对事的正确判断，甚至可以说在某种程度上让他显得“无谋”。

在选拔人才时，关键在于如何合理地利用好每个人的长处。如果管理者能够摒弃偏见，接纳并包容人才的短处，同时善于发掘和利用他们的长处，那么就能够最大程度地发挥人才的价值。

多关注别人的长处

在日常生活中，我们要多关注别人的长处，并向其学习，而不是只盯着别人的短处。有颗包容的心，不仅能让大家相处得更加融洽，还能赢得别人的好感，帮助我们走得更远。

蔡元培先生胸怀博大，在担任北京大学校长期间，他包

容了两位风格独特的教授——辜鸿铭和刘师培。辜鸿铭，一位在文学和语言学上造诣深厚的学者，尽管他在课堂上的一些习惯，如吸烟、喝茶以及依赖童仆服务等，引起了部分学生的不满和反感，但蔡元培先生选择了理解和宽容。他坚信，辜鸿铭的学术造诣和深厚的学识能够超越这些表面的陋习，为学生们传授宝贵的知识和启发。事实的确如此，随着时间的推移，辜鸿铭的课堂因其独特的风格和丰富的知识吸引了越来越多的学生。

另一位教授刘师培，其独特的教学方式也引起了学生的注意。他上课时既不带书也不带卡片，字迹也颇为潦草，这些习惯同样引起了部分学生的不满。然而，蔡元培先生同样给予了刘师培理解和支持。他认为，刘师培的学识和才华已经超越了这些表面的不足，他讲课内容充实、见解独到，深受学生喜爱。

蔡元培先生的这种包容和理解，展现了他作为一位伟大教

育家的胸怀和智慧。他深知，每个人都有其独特的个性和行事风格，只有以开放和包容的心态去接纳和理解他人，才能真正发掘每个人的潜力，推动学术和教育的发展。这种“放大镜看人优点，显微镜看人缺点”的心态，不仅为他赢得了广泛的敬重，也为北京大学培养了一批批优秀的学子。

蔡元培先生以其卓越的眼光和胸怀量才而用，对辜鸿铭和刘师培的包容和尊重，彰显了其务实、豁达的品德。他深知尊重个性与用人之长的重要性，强调学术自由与兼容并包，为北京大学带来了长足发展。在现实生活中，我们也应该学习蔡元培先生的胸怀，以宽容之心看待他人的缺点。每个人都有自己的长处和短处，只有学会包容与借鉴，才能不断成长。当我们以开放的心态接纳他人，不仅能够获得更多友谊和支持，还能为成功之路铺设更坚实的基石。

不要苛求完美

很多人过于追求完美，生活态度扭曲，难以满足自我需求。这让他们背负了苛求完美的包袱，不仅事业上难以成功，还会影响自尊心、家庭及人际关系。然而，完美并不存在，人生总会有遗憾。我们需要学会接纳不完美，对自己宽容一些，避免在无谓的苛求中浪费时间和精力。人生并非完美无瑕，而是充满了疏漏与缺陷。与其沉溺于完美的幻想中，不如欣赏生活中的每一个不完美的瞬间。学会爱自己、宽容自己，是成为生活智者的关键。

思维闪光时刻

- 多关注别人的长处
  - 学习和借鉴：学习他人的优点
  - 包容与尊重：以开放和包容的心态接纳他人
  - 共同成长：通过欣赏和借鉴他人的长处实现共同进步
- 不要苛求完美
  - 生活态度扭曲：追求完美导致难以满足自我需求
  - 心态调整：接纳不完美，珍惜现有
  - 追求平衡：在完美与满足之间找到平衡点

大河水涨小河满，顾全大局才能有所成就

缺乏大局观的人常忽视集体利益，只顾个人得失。然而，个人往往无法脱离集体而独立存在，个人的价值需在集体中实现。智者懂得，只有推动集体发展，个人才能收获更多。因此，顾全大局是成就个人和集体的关键。

坚持下去，一定会得到别人的尊重

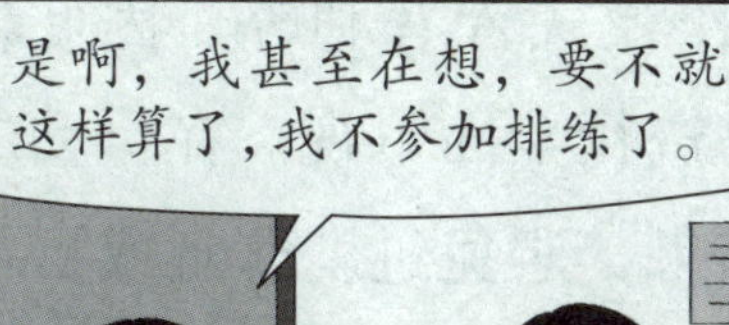

你说的都是真的？
当然是真的了！

实践揭示，各个经济、政治运作模式皆有利弊。因此，我们需要秉持客观的利弊观，对事物进行全面审视。在行动之前，应谨慎权衡利弊，预见可能的结果，避免过度悲观或盲目乐观。顶尖的谋略思维强调全局视角，既要发扬长处，又要规避短处。在抉择时，需要精准权衡，综合考虑眼前利益与长远利益。唯有运用这种谋略思维，我们才能客观应对挑战，稳步迈向成功的彼岸。

要为大家着想

在集体中，无私且完全为大家着想的人备受欢迎。想要做到这一点并不容易，一开始甚至会遭到别人的怀疑，但持续的付出终将赢得他人的尊重。一旦获得集体认可，你便向成功迈出了重要一步。

东汉时期，京城太学有一位博士，名叫甄宇。每逢冬季，皇帝为表示对太学博士们的敬意，特意赐予他们每人一只羊作为礼物。然而，当羊群被赶至太学前，众人却发现这些羊肥瘦不一，大小悬殊，令负责分配的官员陷入了深深的困扰。

博士们平日里虽然交情深厚，但面对切身利益，都显得犹豫不决，不愿吃亏。他们既不愿意直接表露自己想要肥羊的意图，又难以找到一个公平的分配方案。一时间，各种提议此起彼伏，有人建议抓阄儿决定，有人则主张将羊宰杀后按斤两分配。

正当众人争执不下之际，甄宇站了出来，他平静地说：

“诸位，不如我们一人牵一只，我先来。”说罢，他便毫不犹豫地走向羊群。此时，人群中传来了一些窃窃私语的声音，有人暗讽甄宇狡猾，认为他肯定会挑选最肥的那只羊。然而，甄宇的举动却出乎所有人的意料，他竟然从羊群中牵出了一只最瘦小的羊，然后默默地走开了。

这一举动令在场的博士们瞬间感到羞愧，他们意识到自己之前的争执与计较是多么狭隘和自私。在甄宇的大度与无私面前，他们自愧不如，并对甄宇产生了深深的敬佩之情。于

是，博士们纷纷效仿甄宇的行为，不再争抢肥羊，而是从瘦小的羊开始牵起。最终，越是肥大的羊反而越是留在了最后。甄宇的谦让与无私不仅化解了分配难题，更赢得了众人的尊敬与赞誉。

甄宇的谦让之举巧妙地化解了众人关于羊只分配的难题，他的谦让与无私精神赢得了众人的尊重和敬佩。他的行为不仅体现了对集体的尊重，也彰显了对他人利益的关怀。在集体中，像甄宇这样不计个人得失、顾及他人利益的人，往往能赢得集体中其他人的信赖，成为众人的楷模。这种榜样的力量，在集体中具有深远的影响，能够激发大家共同为集体利益而努力，形成积极向上的氛围。

摒弃个人恩怨

在集体中，个人恩怨往往会影响公正与公平，进而损害集体利益。因此，我们应摒弃个人恩怨，以开放的心态参与集体活动与评选，确保决策的公正性，共同维护集体利益。

春秋时期，晋平公遇到了一个难题——南阳县需要一位能干的县令，他向祁黄羊寻求帮助。祁黄羊毫不犹豫地推荐了他的仇人解狐。晋平公很惊讶，问："解狐是你的仇人啊，你怎么会推荐他呢？"祁黄羊平静地回答："大王，我只是在推荐最适合这个职位的人，并没有考虑他是不是我的仇人。"晋平公听后，决定相信祁黄羊的判断，任命解狐为南阳县县令。

解狐上任后，一心为民，做了许多好事，赢得了百姓的尊敬和爱戴。

过了一段时间，晋平公又遇到了一个难题：朝廷需要一位公正无私的尉。这次，祁黄羊推荐了自己的儿子祁午。晋平公又疑惑了："祁午是你的儿子，你推荐他难道不怕别人说闲话吗？"祁黄羊仍然坦然回答："我推荐的是最适合这个职位的人，并没有因为他是我的儿子就偏袒他。"晋平公再次听从了祁黄羊的建议，任命祁午为尉。祁午果然不负众望，他公正无私，赢得了百姓的欢迎和尊敬。

孔子听说了这两件事后，对祁黄羊赞不绝口。他说："祁黄羊真是个大公无私的人啊！他推荐人，只看才能和是否适合，从不因为私人恩怨或亲疏关系而有所偏袒或打压。这样的人才是真正的贤能之士。"祁黄羊的举荐不仅解决了晋平公的用人难题，也展现了他高尚的品质和宽广的胸怀。

不计较个人得失，是大公无私精神的生动体现。大公无私的人始终坚守集体利益至上的原则，将个人的情感、恩怨和利益置于次要位置，这种先公后私的态度令人敬佩。这种高尚的品质值得我们每一个人去学习和效仿，它教会我们要心怀大局，以集体利益为重，共同为集体的发展贡献智慧和力量。

成功需要共同合作

自然界的奇迹——红杉林，红杉为我们揭示了成功的真谛。红杉之所以屹立不倒，是因为它们根部相连，形成紧密的合作关系。同样地，成功不仅仅依赖个体的强大，更需要借助他人的力量，共同合作。沙粒虽金黄，但一盘散沙难成大器；而与水、水泥合作，却能筑起高楼大厦。个人的力量亦如此，唯有融入集体，学会合作，才能创造出意想不到的成就。合作

并非易事，需要我们学习并懂得其中的智慧。未壮大之前，不妨虚心学习，与成功者携手，加入积极向上的团队，汲取集体智慧，阅读书籍，加速自我成长。

思维闪光时刻

- 学习合作的智慧
  - 虚心学习，与成功者携手
  - 加入积极向上的团队，汲取集体智慧
  - 阅读书籍，加速自我成长
- 行动建议
  - 在工作和生活中积极寻求合作机会
  - 培养和践行大公无私的品质
  - 不断学习，提升合作能力

坦然正视缺点，才能将劣势变成优势

我们都有自身独特的长处与不足，但一味地掩盖缺点就是自我欺骗。只有坦然正视自己的缺陷，并弥补自身的不足，才是通往成功的明智之举。

直面我们的缺点

你穿成这样爬山，反倒成了大家的焦点。
是呀，本来没人会注意你的。

你们说的是真的吗？
当然了，我们骗你干什么？

菲菲，你应该鼓起勇气，直面自己的缺点，不断掩饰只会让你陷入困扰，况且这也不是什么大事。

其实我已经陷入困扰了。
所以你才更应该振作起来，直面自己的不完美。

你可以换个角度思考，比如腿部力量大，可以让你顺利完成登山比赛。
可是应该怎么直面呀？

没错，这样才能让你心中的“劣势”变成你的优势！
谢谢你们的鼓励，我一定会成功登顶的！

面对不足，聪明人会直面它，努力改正，把缺点当作成长路上的垫脚石；而有些人却总想着遮掩，结果只会让问题变得更糟。真正厉害的人很少见，因为大多数人更喜欢展示自己的长处，不愿意面对自身短处。但真正的高手不怕暴露缺点，他们知道只有直面自己的不足，并积极改正，才能走得更远，变得更强。在追求成功的路上，聪明人不会背着“缺点”的包袱，而是把精力放在规划未来上，活出真实的自己，最终成就一番事业。

抛却缺点带来的心理负担

真正有谋略的人，在任何环境下都不刻意掩饰自身缺点，避免陷入“疲于掩饰”的困境。他们明白，真实的自我才最自在，暴露短处反而有助于提升自身能力和修养。因此，聪明人追求成功时，会抛却缺点带来的心理负担，专注于未来的规划和努力。

战国时期，魏文侯以仁爱之心治国，从而赢得了诸侯的广泛赞誉。他深知人才的重要性，因此虚心向贤。大臣魏成子因其卓越的才能和崇高的声望，被魏文侯委以重任，挑选贤能之士。

魏成子不负众望，推荐了子夏、田子方、段干木这三位杰出的人才。他谦逊地说：“子夏，是孔子的高徒，学识渊博，远胜于我。田子方胸怀宽广，光明磊落，我难及其万一。而段干木的智慧更是让我自愧不如。”魏文侯听后，对魏成子的谦

逊和识人眼光深感钦佩，于是立即召见这三人委以重任。

对于魏成子的举动，大臣李克感到不解，质疑他为何要自毁声望。魏成子却坦然地说：“国家的繁荣昌盛，离不开贤能之士的辅佐。个人的声望再高，也无法与整个国家的利益相提并论。若因我而埋没了人才，我将成为魏国的罪人。”李克的疑惑瞬间烟消云散，对魏成子的敬佩之情油然而生。

一日，魏文侯欲选相，征求李克的意见。李克以“五视”之法为魏文侯提供了选人的标准。魏文侯听后，深以为然，心中已有决断。不久，魏成子凭借其卓越的才能和高尚的品德，

被任命为宰相，辅佐魏文侯治理国家。

翟璜虽心有不甘，但在李克的点拨下，也认识到了与魏成子相比自己的不足之处。他深知，魏成子之所以能得到魏文侯的青睐，不仅是因为他的才能和品德，更是因为他能够为国家举荐贤能之士。翟璜心悦诚服，对魏成子的敬佩之情油然而生。从此，他虚心向学，努力提升自己的才能，为国家贡献自己的力量。

魏成子才高学广，却自谦示短，最终赢得了宰相之位，这正是他的智慧所在。他懂得适当展示短处，赢得上位者的青睐。人生并非靠强项独步，顶级的智慧是坦然面对自身的缺点，并努力将其转化为优势。我们都有不完美之处，勇敢面对，接受批评，从中寻找闪光点，才能提升自我，赢得尊重。因此，让我们卸下防备，正视自身缺点，虚心学习，化短为长，为人生目标扫除障碍，实现自我价值。

将劣势转化为优势

人生之路非坦途，缺点如影随形，实属常态。就像珍珠上的小黑点，虽然不完美，却赋予它独特的韵味。缺不一定就是绊脚石，也可能是潜在的机遇。学会善用智慧，将劣势转化为优势，我们才能从弱小逐渐变得强大，最终成功的赢得桂冠。这就是人生的智慧，也是取胜的秘诀。

在春秋末期，晋国发生了权力的更迭。智伯瑶成为正卿，

他一心想要壮大智氏家族，削弱其他家族的势力。他向韩、赵、魏三卿提议分别献出一万户给公室，以增强晋国的实力。然而，这实际上是智伯瑶想要借此机会增强自己的势力。韩康子和魏桓子虽然心知肚明，但因畏惧智氏家族的权势，不得不从命。

只有赵襄子严词拒绝了这个要求。他认为土地是先人留下的，不能轻易舍弃。智伯瑶因此大怒，联合韩、魏两卿一同攻打赵氏。赵襄子在危难之际，想起了父亲的教诲，决定回到晋阳坚守。智伯瑶率领联军围困了晋阳，但晋阳城坚固且粮食充足，赵军虽箭矢用尽，联军却没能轻易攻下晋阳。

这时，赵襄子得知了晋阳宫殿的一个秘密——宫殿的墙是用荻蒿楛楚筑成的，内部藏有大量的优质箭杆材料；同时，宫殿的铜柱也可以用来制作箭镞。赵襄子立即下令拆墙取箭杆，熔铜柱制箭镞。当联军再次发起攻击时，赵军以密集的箭雨重创了联军。

智伯瑶见晋阳久攻不下，心生一计，打算用水淹城。他命令士兵挖掘人工河，直通晋阳，在上游堵住水流，再猛然放水淹城。然而，这个计划被韩康子和魏桓子看穿，他们担心智伯瑶也会用同样的方法来对付自己。

赵襄子在危急时刻，采纳了家臣张孟谈的计策，成功说服了韩、魏两卿反水。最终，智伯瑶的大营被水灌入，联军一拥而上，智伯瑶来不及抵抗就被杀死。赵襄子借此机会，联合韩、魏两卿，一举灭掉了智氏家族，瓜分了智氏的地盘。赵襄子凭借智谋和勇气，赢得了这场较量。

在这场较量中，赵襄子虽然身处弱势，却展现出了非凡的谋略与勇气。他巧妙躲避强敌，坚守晋阳，耗尽箭矢后更是别出心裁地拆墙造箭。最终，他听从家臣的智谋，精准找到敌人的弱点，成功逆袭，赢得胜利。赵襄子的不服输和智勇双全，是其最终取得胜利的关键。

学会扬长避短

一个人如果能正视自身的缺陷，并巧妙利用，这些不足便能转化为自身的优势。成功并非仅靠完美无缺，许多杰出人士虽非样样精通，却懂得扬长避短，发挥自身长处，从而成就一番事业。我们不应将缺点视为负担，而应怀着积极心态，化压力为动力，努力克服或转化缺点。在某些情况下，缺点甚至能转变为成功的催化剂。那些能将缺点变为优势的人，正是凭借这种智慧和勇气，最终走向成功。因此，有缺点并非坏事，关键在于我们如何面对和转化它。

思维闪光时刻

- 正视缺点，化短为长
  - 有缺点是常态，关键在于转化
  - 勇敢面对，接受批评，寻找闪光点
  - 卸下防备，正视自身缺点，虚心学习
- 智慧与成功的关系
  - 成功并非仅靠完美无缺
  - 扬长避短，发挥自身长处，成就事业
  - 顶级智慧在于善用缺点，并将其转化为优势
- 结论
  - 人生之路充满挑战，需用智慧面对
  - 正视缺点，化短为长，是成功的关键
  - 不断学习，提升自我，实现自我价值

成功本是持久战，脚踏实地自有结论

历史上的成功者，往往不以聪明著称，而是朴实无华，甚至有些笨拙。然而，正是这份笨拙，让他们坚守诚信，拒绝欺诈，凭借简单的策略和坚韧的毅力，在“智者”们视为艰难的道路中，开辟出一条通往成功的通道。有时，成功似乎更偏爱这些“笨人”，因为他们的成功之道虽然质朴，却蕴含着难以撼动的坚韧与大气。

笨鸟先飞

对呀，踢得好好的，怎么会突然想退赛？
哪里好了？我踢得那么差，一直拖团队后腿，还不如早点儿退赛算了。

可千万别这么说，我们根本就没觉得你拖后腿。
而且现在距离比赛的日子还有一段时间，你可以多练习一下技巧。

我这么笨，练习有用吗？
当然有用啦，你没听说过笨鸟先飞吗？

可是我踢球的技术真的很差！
谁也不是生下来就会踢球的，说不定那些会踢球的很骄傲，疏于练习，反而比不过勤奋的你。

没错，就像龟兔赛跑的故事，咱们可以像小乌龟一样，一起努力。
好，就听你们的，笨鸟先飞！

我们陪你一起训练！
嘿嘿，有你们这群朋友真好！

万物皆异，人也各有千秋。每个人所处的环境、受到的教育、勤奋程度和天赋的差异，决定了智商的千差万别。但历史告诉我们，高智商未必能成就大业，而所谓的愚笨者，若能巧妙地运用策略，亦可摆脱平庸，成就非凡。智与谋，两者并重，才能成就一番事业。

谋略是关键

笨人有时以简单之法达成目标，而自以为聪明的人常因投机取巧，最终适得其反。可见，无论才智高低，谋略才是关键。有些聪明人之所以失败，正是因为其误将投机取巧当谋略。

东汉光武帝在位时期，董宣在北海国担任国相，他铁面无私，不畏强权，即使面对权势滔天的公孙家族，也不会网开一面。公孙家族对此十分不满，因而发生暴乱，董宣毫不畏惧，

将闹事者一网打尽。

在如何处置这些闹事者的问题上，官员们各执己见。有人担心严惩他们会引发更大的麻烦，主张从轻处罚。但董宣坚定地说："法律面前人人平等，我必须公正执法。"结果，他顶住压力，将这些人全部处决。

这一举动引起了青州牧的不满，甚至遭到了公孙家族的报复，董宣也因此被关入死牢。朋友劝他学聪明点儿，他却坦言："我虽愚笨，但知道什么是正义。若因怕事而背弃原则，我宁死不屈。"

幸运的是，光武帝看到了董宣的忠诚和刚直，赦免了他。董宣虽然侥幸逃过一劫，但他并未因此改变初衷。后来，湖阳公主的奴仆杀人，他再次不惧权势，果断将凶手绳之以法。

光武帝愤怒之下，想要惩罚董宣，但董宣毫无惧色，直言不讳地指出皇亲国戚的罪行对国家法治的破坏。他用自己的行动和言辞，让光武帝意识到问题的严重性，最终再一次赦免了他。

董宣两手据地，颈项强直，终不俯就。他用自己的坚持和勇气，赢得了人们的尊敬和光武帝的认可。在东汉那个复杂的政治环境中，他如同一股清流，坚守着自己的信仰和原则。

董宣以他那独特的“笨”方法，在中国历史上留下了“强项令”的传奇。很多时候，看似蠢笨的人实则最为纯粹和坚韧。他们不需要复杂的掩饰，不用费尽心机去伪装聪明，只是坚守自己的道路，用最简单、最直接的方式去应对挑战。这些看似笨拙的谋略，往往能够创造出不凡的成就，让人刮目相看。简单的人，凭借他们简单的谋略，同样能够成就一番伟业，书写属于自己的辉煌篇章。

成功需要踏实前行

一个人若想追求成功，必须踏实前行，每一步都稳健有力，急于求成会导致目标与结果背道而驰。《论语》云“欲速则不达”，就是告诫我们急于求成只会违背规律，终难如愿。只有摒弃速成心理，踏实努力，步步为营，才能实现心中目标。

明朝万历年间，女真族在东北势力日盛，成为明朝廷的心头大患。为捍卫疆土，万历皇帝下令重修万里长城，而山海关作为曾经的“天下第一关”历经风雨，年久失修，尤其是那“天下第一关”的题字“一”脱落已久，失去了原有的风采。

为了恢复山海关的辉煌，皇帝遍寻书法名家，希望重现题

字“一”的昔日荣光。然而，各地才子虽众，却无人能完美再现那题字“一”的神韵。皇帝不惜重赏，广邀天下人，只为寻找那能够补全题字的妙笔。

终于，在经过严格的选拔后，山海关旁一家客栈的店小二脱颖而出，成为众人瞩目的焦点。题字之日，会场人声鼎沸，在众目睽睽之下，店小二舍弃了华丽的毛笔，仅用一块抹布，蘸满墨汁，大喝一声“一”，那字便如行云流水般跃然纸上，完美至极。

众人无不惊叹，纷纷询问其秘诀。店小二沉默良久，终于缓缓道出：“其实，并无什么秘诀。我在这客栈当了三十多年的店小二，每当我擦桌子时，都会不经意间抬头看到那‘天下第一关’的‘一’字。日复一日，年复一年，我早已将其刻入心中，融入血脉。今日能够写出这样的字，不过是熟能生巧，水到渠成罢了。”

原来，真正的技艺并非一蹴而就，而是需要岁月的沉淀和不断的积累。这位店小二用他的实际行动告诉我们，只要有恒心，有毅力，即便是最平凡的人，也能创造出奇迹。

这则故事深刻地诠释了练习与精通的真谛：唯有持之以恒地锻炼，才能成就完美。许多年轻人渴望速成，却忽视了自然规律。正如揠苗助长的寓言，急于求成只会适得其反。成功是场持久战，需要耐心和毅力。练习不仅能提升技艺，更能塑造人的品质。因此，我们应摒弃速成心理，踏实前行，用时间和努力雕琢自己，让前行的每一步都坚实有力，最终实现梦想。

稳扎稳打

每个辉煌的成就背后，都蕴藏着无数细微努力的积累。无论事情大小，我们都应秉持踏实稳健的态度，全力以赴，善始善终。成功者的故事告诉我们，伟大的事业始于平凡的起点，他们不是一步登天，而是在一件件小事中磨炼意志，积累经

验。大企业家曾是小伙计，政治家曾是普通职员，将军曾是士兵。因此，我们需学会脚踏实地，稳扎稳打，用辛勤的汗水铸就属于自己的辉煌。

思维闪光时刻

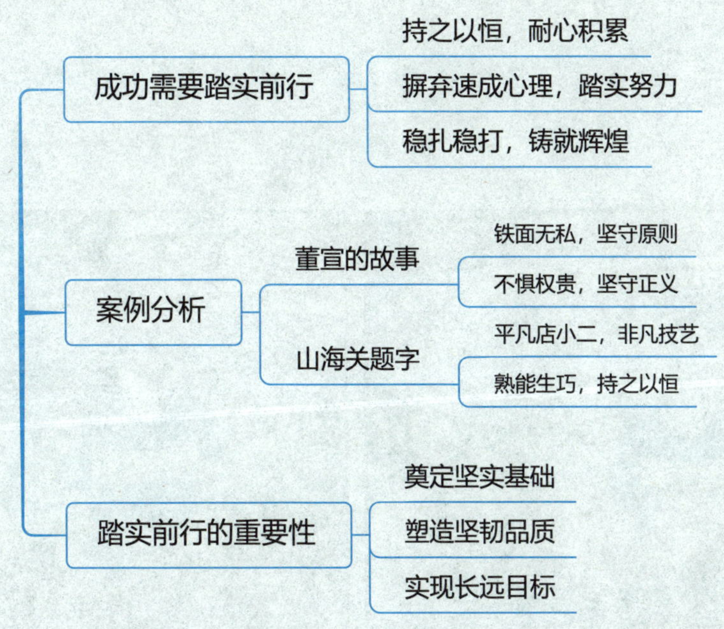

抵制眼前的诱惑，才能换来长远的发展

知足常乐，与儒家“中庸之道”相契合，它倡导行为适度，既非无所求也非过分追求，而是强调恰到好处。知足使人内心平和、快乐，益于身心健康，而贪婪则导致焦虑不安，甚至痛苦。因此，知足是通向幸福的智慧之路。

消费陷阱

敬远，菲菲，你们两个在这边聊什么呢？我们都逛完了。
菲菲前几天刚买过笔记本，现在又要买，我正在劝她。

菲菲，你可要抵挡住眼前的诱惑，小心掉入消费陷阱！
消费陷阱？

是啊，促销活动看似很便宜，实则花钱买了没用的东西。
听你们这样说，我好像确实没有省到钱，反而还多花钱了。

是的，我们要时刻保持清醒的头脑，坚决不能被诱惑所动摇！

小恒说得对！
我知道啦，我要把这笔钱存进存钱罐，时刻提醒自己抵挡眼前的诱惑！

成功路上，诱惑难免。有的是美景，有的却是陷阱。要抵制诱惑，关键在于坚守本心。实现宏大愿景的道路漫长且曲折，路上有对手、朋友、阻碍与诱惑。诱惑最狡猾，常伪装成无害之物，诱你偏离正道。要时刻保持警惕，许多成功者在诱惑面前功亏一篑。要想抵御诱惑，务必坚守内心的原则，不为外物所动，方可稳步前行。

知足常乐

《老子》中说："祸莫大于不知足，咎莫大于欲得。故，知足之足常足矣。"最大的麻烦，就是永远不满足；最糟糕的错，就是贪心而永远不满足。只有那些懂得知足的人，才能长久地感到开心和满足。他们知道珍惜自己已经拥有的，不会让欲望控制自己，所以内心总是充满了平静和快乐。

春秋时期，虞国和虢国是毗邻的两个小国，然而它们的平静生活却被晋国的野心所打破。晋国欲图扩张版图，首先瞄准了虢国，但进军之路必经虞国。虞国虽小，却也是晋国难以逾越的障碍。

为了绕过这一障碍，晋国大夫荀息向晋献公献上了一个巧妙的计策：用晋国的良马与美玉作为诱饵，向虞国借道。晋献公虽然爱惜宝物，但荀息的话让他动摇了："这些宝物不过是暂时存放在虞国，早晚会回到晋国。"而宫之奇，虞国大夫，明智之士，虽然预见了其中的危机，却因虞公的无知与固执而无力回天。

荀息以晋君特使的身份来到虞国，献上了那些令人心动的财宝，并巧妙地编织了谎言，让虞公误以为晋国只是为了维护边境的安宁。虞公被财宝所惑，被荀息的言辞所迷，不顾宫之奇的极力劝阻，毅然决定借道给晋国。

虢国在晋军的攻击下迅速崩溃，而虞国，这个虢国曾经的盟友，也在晋军的突然袭击下覆灭。虞公，这位曾经的国君，却成了晋国的俘虏，被送往秦国作为陪嫁的奴仆。而那些曾经令虞公心动的良马与美玉，也再次回到了晋献公的手中，只不

过，良马的牙齿已经长了些许。

这一切都证明了荀息的狡猾与智慧，也揭示了虞公的无知与固执。而那个曾经的小国虞国，也在这场权力的争夺中，彻底消失在了历史的长河中。

在人生的旅途中，我们时常会面临各种诱惑，它们如璀璨的繁星，闪烁着诱人的光芒。然而，我们必须铭记，只有坚定地抵制眼前的诱惑，才能换取长远的发展。诱惑往往短暂而虚幻，它们或许能带来即时的满足，但从长远来看，却有可能阻碍我们前进的步伐。因此，我们应保持清醒的头脑，坚守内心的原则，不为诱惑所动摇。

不要因为贪心而犯错

智者深知，外面的诱惑再吸引人，也比不上自己设定的目标来得实际和有价值。在日常生活中，我们要时刻保持清醒的头脑，不要因为一时的贪心而犯下错误，否则，轻者可能只是错过一些好时机，重者则可能陷入困境，无法自拔。所以，我们要小心谨慎，别因为一时贪心而让自己陷入困境。

巴蜀之地，自古以来就孕育着巴、蜀、苴三国与众多部落。而秦惠文王野心勃勃，一直想要将这片富饶之地纳入自己的版图。恰有一条大河从巴蜀流向楚国，为秦国提供了一个绝佳的进攻通道。

然而，通往蜀国的道路异常艰险，地势险要，狭窄难行，

仿佛一夫当关，万夫莫开。面对这样的地形，秦惠文王决定采用智取而非强攻的策略。他命令工匠雕刻了五头巨大的石牛，并对外宣称这些石牛是“神牛”，每天都会产出黄金。为了证明这一点，秦惠文王还专门让人在牛屁股后面放上了真正的黄金。

蜀君听闻此事，立刻对黄金的诱惑所心动，决定派遣使者前往秦国求取这些“神牛”。但秦国表示道路太窄，“神牛”无法通行。为了得到“神牛”，蜀君不惜一切代价，命令五个大力士率领民众修建通往秦国的道路，遇到的无论是悬崖还是河流，都一一克服。

终于，道路修通，“神牛”也被运回了蜀国。但蜀君很快发现这些“神牛”并不能真的产出黄金，他意识到自己被骗了。然而，此时的他已经无力回天。他修建的道路，成为秦蜀之间的贸易和军事通道，被称为“金牛道”。

不久之后，秦惠文王利用这条道路，派遣大军攻入蜀国。

蜀君虽然亲自率军抵抗，但最终还是败给了强大的秦军，在逃亡的路上被秦军所杀。就这样，蜀国灭亡了，蜀地顺利成为秦国版图的一部分。

秦惠文王志在蜀地，然外攻难成，故定计于内。他巧妙地利用了几头“神牛”作为诱饵，让蜀君忘却了国家安危，只被黄金的虚妄诱惑所迷惑。蜀君因此忽略了蜀地天然的地形优势，给了秦国可乘之机。最终，蜀君身死，蜀国覆灭，这一切都是因为他沉迷于一时的诱惑，而忘却了长远的目标和责任。

勇敢战胜厄运

人生路途多坎坷，不如意之事十之八九。我们常在困境中徘徊，似乎苦难总比快乐多，逆境多于顺境。然而，面对这些挑战，人们的反应却大相径庭，有的人因绝望而沉沦，失去生活的斗志；而有的人则怀揣希望，坚信困难只是暂时的，前

方仍有光明。抱怨者终其一生碌碌无为，而勇敢者却能战胜困难，活出精彩的一生。欲望难以满足，总是带来痛苦，但正是这些追求与挑战，构成了人生的丰富与深刻。欲壑难填，却也正是人生不断前进的动力。

思维闪光时刻

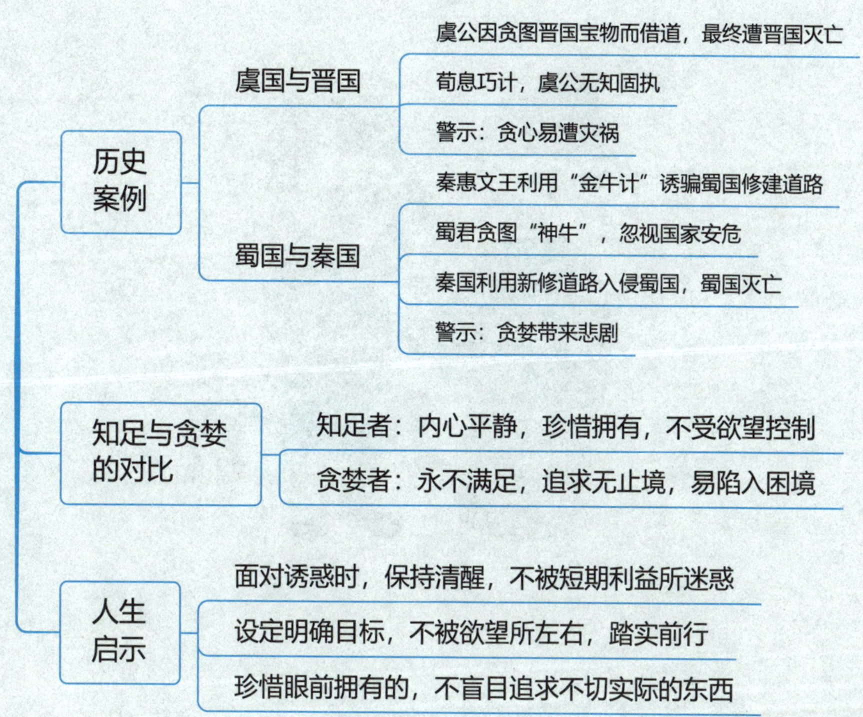

第四章
出奇制胜，突破思维者胜

在竞争激烈的现代社会，出奇制胜成为成功的秘诀。我们需要跳出传统思维，挑战常规，才能在困境中探寻出路。只有勇于冒险，敢于尝试，才能在竞争中崭露头角。这需要我们拥有敏锐的洞察力去捕捉稍瞬即逝的机遇，也需要我们用坚定的信念和勇气去面对挑战。出奇制胜，既是策略的智慧，也是勇气的展现。唯有敢于突破，才能创造非凡，赢得最终的胜利。

随机应变，见机行事才能巧避祸端

面对人生变幻莫测的世事，安身立命之道在于随机应变。我们需要敏锐地捕捉周围的变化，如同航海者避开暗礁破浪前行，才能直挂云帆济沧海。在危机四伏之境，更应悄无声息地化解风险，转危为安。

随机应变

别担心，我背你去医务室。

骨头没什么事，但也需要好好休养一阵。

骨头没事就好，你好好休养，别太紧张了。

敬远，听说你受伤了。
你的脚受伤了，是不是没办法参加跳远比赛了？

是啊，我已经确定放弃跳远，不过我去报名掰手腕项目了，毕竟只是脚腕受伤，手还好好的！

敬远，还好你懂得随机应变来应对危机，不然这次比赛咱们队伍可就要少一个人了！

在逆境的考验下，能够灵活变通、果敢退避，无疑是心怀宽广、智慧内敛的卓越体现。当客观环境不再允许我们前行，或继续前行将带来不可预知的风险时，明智之举便是主动、果断地选择退避。历史与现实中的无数案例都深刻揭示了，进退之道，各有其谋略价值。

巧妙融合进退之道

那些只知进攻而不懂退避之人，绝非真正的智者。唯有将进退之道巧妙融合，并能在复杂的情境中灵活运用的人，才能称之为高明之士。他们能够在风云变幻中洞察先机，趋利避害，最终成就一番事业，实现人生的价值。

郭德成生活在元末明初，以其豁达的性格、机敏的智慧和嗜酒如命的习性而著称。在元末的乱世中，他与兄长郭兴一同追随朱元璋，驰骋沙场，立下赫赫战功。然而，当朱元璋建立明朝后，曾经的战友们纷纷加官晋爵，郭德成却只有骁骑舍人这一相对低微的官职。

一次，朱元璋要赏赐郭德成高官厚禄，他却以自己不擅长政事、只知饮酒为由婉拒。朱元璋被其真诚与自知之明打动，赐予他美酒与财富，并时常邀其入宫对饮。在一次宴会上，郭德成醉态百出，言辞无忌，甚至说出“剃成僧人那样的光头”的醉话，无意间触及了朱元璋的忌讳。朱元璋虽恼怒，但见郭德成酒醉，便暂时放下心头的怨恨。

酒醒后的郭德成深知自己闯下了大祸，恐惧不已。他深知

朱元璋对“光”“僧”等字眼极为敏感，自己的失言无疑触动了皇帝的逆鳞。在生死攸关之际，郭德成苦思脱身之计。最终，他选择了剃发为僧，身披袈裟，每日诵经念佛，以此向朱元璋展示自己的决心和悔过之意。

朱元璋见郭德成真的做了和尚，心中的恼怒与怨恨也随之消散。他称赞郭德成为“奇男子”，认为他之前讨厌头发只是

酒后戏言。而郭德成也因此得以保全性命，在朱元璋对功臣的猜忌与杀戮中幸存下来。

郭德成能在朱元璋的严酷统治下保全性命，得益于他卓越的智慧和独到的洞察力。他能够预见潜在的危险，不贪图权位，懂得在关键时刻随机应变，巧妙地避开灾祸的降临，保全自身性命。面对人生的困境和自身的过失，真正的智者总能以超凡的智慧和急中生智的才能灵活应对，化危为安，从而确保自己的生命安全。这种高超的智慧和应变能力，是郭德成能够在复杂的政治环境中立足的关键。

学会随机应变

在充满变数的世界里，能够随机应变、见机行事是巧妙避开祸端的关键。在生活与工作中，我们无法预知所有挑战与风险，但我们可以培养敏锐的洞察力，学会灵活应对各种情况。

在宋朝的辉煌历史中，宋太祖赵匡胤的早年经历尤为传奇。他曾怀揣满腔热血，离家外出游历，渴望一展抱负。那时，他投奔到其父的旧友，复州防御使王彦超的麾下，希望能得到这位前辈的提携与指点。

然而，世事难料，王彦超并未如赵匡胤所愿将他留在身边。相反，王彦超只是慷慨地赠予赵匡胤十贯钱，便让他继续游历之路。对于当时的赵匡胤来说，这无疑是一次沉重的打击，但他并未气馁，反而更加坚定了自己的信念。

多年后，赵匡胤凭借自己的才华与努力，终于坐上了皇帝的宝座。当他回忆起那段艰辛的过往时，心中自然也对王彦超当年的决定产生了疑问。于是，他召见了王彦超，询问其当年为何不愿接纳自己。

面对赵匡胤的询问，王彦超俯首回禀道："陛下，复州之地，水浅而难以藏龙。您乃真龙天子，非复州所能容纳。您离开复州，必然是上天的安排，让您去更广阔的天地施展才华。臣当年虽然未留下陛下，但心中始终对您的未来充满了期待与祝福。"

赵匡胤听到这个回答，心中不禁感慨万千。他深知王彦超的这番话，既是对自己过去的一种肯定，也是对未来的一种期许。于是，他欣然接受了王彦超的答复，并对他表示了深深的感激之情。

王彦超面对赵匡胤的询问，并没有为自己当年的行为辩解，反而随机应变，给出了一个让赵匡胤满意的回答，巧妙地化解了这场危机，堪称随机应变的典范。

这里要强调的是，趋福避祸并不是说要我们一遇到困难就逃跑，而是说，我们要在认清当下情况后，做出明智的决策，不能一遇到问题就放弃原来的目标或改变方向，那样就是逃避，不是真正的智慧。王彦超的做法就是在坚持自己原则的同时，又巧妙地避免了可能降临在自己身上的灾祸，这种平衡能力很值得我们学习。

随机应变，见机行事

随机应变意味着在面对突发状况时，能够迅速调整策略，适应新的环境或条件。这需要我们保持冷静的头脑，不被眼前

的困境所吓倒，积极寻找解决问题的新方法。

见机行事则是要我们善于抓住时机，根据具体情况做出最符合当前利益的选择。这需要我们具备前瞻性思维和判断力，能够准确分析当前形势，把握机遇。

在人生道路上，只有懂得随机应变、见机行事的人，才能巧妙地避开各种祸端，实现自己的目标。这是一种智慧的体现，也是我们应该不断追求和提升的能力。

思维闪光时刻

- 进退有道：智者的处世哲学
  - 高明之士的特质
    - 巧妙运用进退之道
    - 在复杂情境中随机应变，见机行事
    - 洞察先机，趋利避害，成就事业

打破固化思维，让对手防不胜防

按老规矩办事能暂时解决问题，但时间一长就会限制我们的想法。真正的智者懂得打破固化思维，用巧妙的方法让对手防不胜防。这种方法一直以来都被聪明人看重，懂得运用这种方法的人，往往能够取得让人刮目相看的成就。

别出心裁的招新仪式

你们听说了吗？这次社团招新，很多人报名了咱们社团。

真的假的？刚才看敬远胸有成竹的样子，我还以为他是在吹牛。

他一改以往传统的招新方式，找来了最近很流行的服装玩偶，还做了宣传小视频发布在网络平台，一下就火起来了，吸引了很多人。

看来一成不变的招新方式，限制了我们社团的发展。

是啊，只有打破常规，灵活变通，才能获得成功！

虽然生活中有很多规矩，按规矩办事通常能成功。但如果你一成不变，一味地按老方法来，对手就能轻易看透你，找到你的弱点。这种固定的思维方式就像一盏明灯，不仅照亮了你自己的路，也暴露了你的计划，从而会让你的发展受限，更会让对手找到攻击你的机会。所以，我们需要打破固化思维，灵活变通，才能在竞争中保持领先，不被打败。

打破固化的思维模式

事物的面貌不止一种，但经验让我们常常只关注自己熟悉的那一面。要打破这种固化的思维模式，我们需要学会从多个角度看待问题，这样出其不意的策略才能让对手防不胜防。真正的智慧在于出奇制胜，只有那些能够巧妙运用不同策略的人，才是真正的谋略高手。

《史记》中记载的田忌赛马的故事，不仅是一场智慧的较量，更是对人生策略的一种深刻启示。

当时，齐王邀请田忌进行一场赛马对决，规则是双方各自选出三匹骏马，分三轮进行比赛，胜者将获得丰厚的赏赐。然而，田忌深知自己的马匹与齐王的马匹相比，虽不乏良驹，但整体实力定略逊一筹。尤其是自己的头马，虽为佳品，但与齐王那匹名震天下的宝马相比，仍显不足。

田忌回家后，将此事告诉了军师孙膑。孙膑仔细分析了双方马匹的优劣，决定打破常规，采取一种别出心裁的战术。他让田忌用最差的马与齐王最好的马对决，这看似是自取其辱，

实则是深藏不露。紧接着，他让田忌用最好的马与齐王次优的马比赛，而田忌次优的马则与齐王最差的马交锋。

结果令人大跌眼镜，田忌竟然以两胜一负的成绩战胜了齐王。这不仅是一场赛马的胜利，更是智慧与策略的完美展现。田忌巧妙地通过调整马匹的出场顺序，合理利用自己的资源，成功地将劣势转化为优势。

这个故事告诉我们，当传统方法失效时，打破思维定式、出奇制胜至关重要。只有当对手摸不透你的底细时，你才能掌握主动权，实现“制胜”。因此，在竞争和冲突中，不妨跳出固化的思维模式，寻找出奇制胜的良策。

敢于尝试新方法

历史上那些以少胜多的经典战役，都是因为将领们敢于打破常规，想出妙招奇计，从意想不到的角度攻击敌人，最终大获全胜。同样地，在我们的日常生活中，无论是做人还是做事，都不应该总是按照老方法来，而要敢于尝试新的方法，打破旧有的思维定式，这样才能找到独特的路径，出奇制胜，最终迎来胜利的曙光。

田单，这位齐国田氏家族的远房宗亲，自小便展现出非凡的才智与胆识。在临淄担任市吏时，虽位卑言轻，却勤学不辍。当燕兵伐齐的战火熊熊燃起，田单以其出奇制胜的智谋，将燕军击退，从而赢得了齐襄王法章的赏识，被封为安平君，成为齐国军事界的一颗璀璨新星。

战国乱世，烽火连天，生灵涂炭。公元前284年，五国联军攻齐，齐湣王无力抵抗，只得弃都出逃。田单，这位曾在临淄任职的市吏，却在这生死存亡之际，挺身而出，成为齐国抗击外敌的支柱。他利用自己的智慧，巧妙布置，成功地在即墨城抵御了燕军的进攻，并在随后的即墨之战中，以火牛阵大破燕军，扭转了战局。

田单深知，打仗不仅是军力上的比拼，更是智谋与胆识的较量。他善于把握战机，善于利用敌人的弱点，善于激发士兵的士气。在得知燕昭王去世、燕惠王即位的消息后，他果断地采取了反间计，成功地离间了燕惠王与乐毅的关系，使乐毅这

位智勇双全的将领被撤换。随后，他又利用燕将骄傲与麻痹的心理，通过火牛阵这一惊人之举，击败了燕军，为齐国收复了失地。

田单的火牛阵不仅展现了他卓越的军事才能，更体现了他对国家的忠诚与担当。他用自己的智慧和勇气，为齐国收复失地，他也成为春秋战国时期著名的军事家之一。

田单运用奇谋巧计，令燕军措手不及，齐国终获胜利，足见其智慧非凡。若以常规战术对敌，胜负难料。侧面突袭与正面交锋相辅相成，乃战争胜利之关键。田单的火牛阵便是此精髓的绝佳体现，以弱胜强，出奇制胜。对于我们而言，无论身处何种环境，事前做充分准备、寻找最佳时机、出其不意以制胜，同样至关重要。只有这样，才能在人生的道路上走得更远。

不断创新，寻找新的机会

在现今这个竞争激烈的社会中，仅凭传统的思维模式和方法，已难以在事业上书写辉煌的篇章。面对遥不可及的成功彼岸，我们不应再执着于那条已被无数人涉足的旧道。是时候觉醒，转变我们的视角了，勇敢探索出一条全新的、更为高效便捷的路径。别再在旧路上徘徊不前，白白消耗宝贵的时光。唯有不断创新，寻找新的机遇，我们才能在时代的洪流中乘风破浪，实现个人的梦想和成就事业的辉煌。

思维闪光时刻

- 打破思维定式
  - 从多个角度看待问题
  - 出其不意，令对手防不胜防
- 敢于尝试新方法
  - 历史上以少胜多的经典战役
  - 生活中需要不断创新

不要因循守旧，穷则思变才有出路

很多时候，我们的脑袋就像个老旧的牢笼，总是被过去的想法困住，想不出新点子。但是你得明白，如果不改变，就不会有新的机会，不会有美好的未来。历史上的英雄再厉害，如果他们活在当今社会，也可能会因为不适应现在的变化而束手无策。所以，我们不能总是守着老规矩不放，要学会灵活变通，用智慧去应对变化。只有这样，我们才能在这个快速变化的世界中站稳脚跟，创造属于自己的精彩人生。

变通思维

我就是因为不会画画，才没报名的，太可惜了。
你就是太因循守旧了，总觉得画作必须用色彩在纸上描绘。

是啊，你看这里大部分的作品，都是画出来的。

所以菲菲，你是怎么想到要创作这样一幅作品的呢？
??

老师说，所有的艺术作品都可以参展，所以我没有拘泥于陈规，而是灵活变通，选择了画作以外的风格。
原来是这样……

如果我也像你一样灵活就好了，这样我也能有作品参加这次画展。

你们说得没错，我们应该向菲菲学习！
菲菲这种思维方式不局限于画展，我们平时生活中都应该有变通思维。

我们身边每时每刻都在发生变化，如果我们墨守成规，不思变通，只会一败涂地。唯有主动求变，积极进取，才能在社会中屹立不倒。变通思维的核心在于将外界资源转化为己用，借外力以壮大自身。面对困境与变化，我们需要动脑筋，灵活应对。成功者善于在逆境中调整策略，主动突破；而固守旧有模式者，终将错失良机，对于成功只能是望洋兴叹。

要有变通思维

“变则通，通则久。”变通是智慧与创新精神的体现。同一个问题，换个角度思考，结果迥异。变通思维能够带来无限可能，灵活应对挑战，打破常规，开创新局面。拥有变通思维的人，总能出奇制胜，迎接新世界。

清朝时期，刘墉辞官回到了山东诸城老家，这下乾隆皇帝可犯了愁，因为朝中大臣虽多，却无人能及刘墉的才智。乾隆想要刘墉回来，但又担心他会摆出一副高高在上的姿态。

于是，乾隆想了一个妙招。一天早朝，他对文武百官说：“我有个问题，你们三天内必须答上来，否则，都得下岗。”这问题就是：“什么上，什么下，什么东，什么西，什么肥，什么瘦。”大臣们一听，头都大了，心里直犯嘀咕：这要怎么回答啊？他们想起了刘墉，心想：要是他在，肯定能答上来。

和珅当时作为九门提督，大家求着他去请刘墉。虽然他心里有一万个不情愿，但没办法，只好快马加鞭地赶到诸城。刘墉正在菜园子里忙活，和珅急忙说了乾隆的问题，但只记住了

前四个。刘墉笑笑说："这还不简单，你看，黄瓜上，茄子下，冬瓜东，西瓜西。"和珅一听，觉得有道理，便急忙回京了。

第二天，和珅在朝堂上答上了前四个，可乾隆又问"什么

肥，什么瘦”，和珅傻眼了，只好说前四个是刘墉教的。乾隆一听，当即召刘墉回京。刘墉说：“君为上，臣为下，文为东，武为西。肥，肥不过春天的雨；瘦，瘦不过九月的霜。”乾隆又问：“为何告诉和珅黄瓜和茄子呢？”刘墉答：“我在哪里就说哪里的话。”乾隆听后大悦，拉着刘墉的手说：“刘爱卿，你可不能再走了。”

乾隆和刘墉都是聪明人，他们懂得变通，也懂得如何巧妙地解决问题。在人生的旅途中，我们常常面临各种挑战与困境。只有勇于突破传统思维的束缚，敢于尝试新的思路和方法，我们才能找到新的出路，实现自我超越。正如那句古诗所说：“山重水复疑无路，柳暗花明又一村。”让我们在变革中寻找机会，在挑战中成就自我。

善于适应变化

人应该学会灵活变通，切勿固执己见，避免过度拘泥于陈规。在现代社会中，过于迂腐只会束缚自己的发展，甚至招致不必要的损失。因此，我们要保持开放的心态，善于适应各种变化，才能走得更远。

春秋时期，齐国内乱，宋襄公挺身而出，联合诸侯，成功护送公子昭回齐即位，成为齐孝公。齐国虽乱，却仍是诸侯之盟主，宋襄公因此地位显赫。然而，他的雄心并未止步，他试图继承齐桓公的霸业。

宋襄公召集诸侯，却只有三个小国响应，大国对他的召集视而不见。为增强势力，他联络楚国，期望以楚压小，成就霸业。然而，在楚宋会盟时，楚成王与宋襄公因盟主之争发生激烈冲突，宋襄公被楚人俘虏。幸得鲁、齐调解，推举楚成王为盟主，宋襄公才被释放。

归国的宋襄公咽不下这口气，愤而攻郑。郑国求救于楚，楚成王却未直接救郑，反而去攻宋。宋襄公匆忙回师，两军隔着泓水对峙。楚军渡河时，宋大臣建议趁机进攻，宋襄公却以仁义为由拒绝，错失战机。待楚军渡河列阵，宋军已无力回天，宋襄公受伤逃脱。

国人议论纷纷，埋怨宋襄公不应与楚交战，更不应采用如此战法。宋襄公却坚持仁义，认为不应伤害已伤之敌，不应俘已老之人。大臣们皆不以为意，认为战争当以胜为目的。一年后，这位迂腐的国君离世，临终遗言是要找楚国报仇。他的故事流传千古，成为后人议论的焦点，却也留下无尽的遗憾与叹息。

有些人过于坚守自己的原则，不愿变通，结果在生活中屡遭挫折，饱受排挤。他们过分看中原则，变得迂腐不堪，难以适应社会的变化。在复杂的社会环境中，我们需要具备狼性，培养敏锐和适应力，学会入乡随俗，灵活应对。同时，也要懂得隐藏自己的原则，避免过于暴露而引发冲突。这样才能在社会的丛林中立足，走得更远。

在变革中寻找新出路

面对周遭环境的变迁，最可怕的是观念的停滞和对未来的忽视。唯有运用智慧，把握时代脉搏，我们才能立于不败之地。困境与问题不过是成长道路中的垫脚石，只要思维灵活，头脑敏锐，就能发现生活的无限可能。人非鱼，却创造了船只以渡河；人非野兽，却打造了刀剑以御敌。而成功的秘诀，正

是在于这种不懈的思考与突破。成功者之所以卓越，正是因为他们善于动脑，敢于创新，不断在变革中寻找新的出路。

思维闪光时刻

- 变通思维在人生挑战中的应用
  - 人生旅途中常面临挑战与困境
  - 只有勇于突破传统思维的束缚，敢于尝试新思路和方法，才能找到新的出路
  - 变通思维帮助我们实现自我超越，如古话所说“柳暗花明又一村”
- 社会生活中的灵活变通
  - 人应学会灵活变通，避免变得迂腐
  - 固执己见和拘泥于陈规会束缚发展，招致损失
  - 保持开放的心态，善于适应变化，才能走得更远

第五章
恩威并重，以诚待人者胜

我们总说要以诚待人，而所谓的以诚待人并不是毫无保留地对他人掏心掏肺，也不是毫无底线地让出自己的利益，而是运用一定的谋略，适时适度地展现自己的真诚。与其他东西一样，真诚一旦滥用则会显得廉价，不被珍惜。只有有条件和约束的真诚才有意义。施恩时诚心给予，施威时严肃郑重，恩威并重，这样的真诚才更能显示其价值。

宽容待人，用仁恕之心化敌为友

我们常说：“宽以待人。”每个人都有可能会犯错，只要对方所犯的错误不触碰我们的原则和底线，我们就要学会用宽容的态度化干戈为玉帛，这既给了对方改正错误的机会，又是我们自身胸襟和智慧的一种展现，对双方而言都是有利的。

退一步海阔天空

可我还是忍不住会想起跟美美吵架的事情。你说我会不会失去她这个好朋友？
别想太多，专注于跑步。感受风在耳边吹过的感觉。

你看，我们在运动，在变得更强大。那些坏心情根本不是我们的对手。
嗯，我不能让坏心情一直影响我。

我要把坏心情都赶跑。
好，一起加油。

敬远，我感觉好多了，心情没有那么糟糕了，谢谢你。
现在再想起和美美的事情，是不是就没那么生气了？

听你的。
既然不生气了，咱们就去和美美把事情说清楚，你们两个赶快和好吧。

你说得没错，忍一时风平浪静，退一步海阔天空。这件事也不能全怪她，我不应该计较这么多。
你能这样想最好不过，走，咱们一起去找美美！

世界上最宽广的是海洋，比海洋更宽广的是天空，比天空更宽广的是人的胸怀。一个人如果有容人的雅量和开阔的胸襟，别人自然愿意和他交朋友，反之，一个锱铢必较、睚眦必报的人他人自然会敬而远之。“将相和”的故事想必大家都耳熟能详，正因为蔺相如的宽容化解了廉颇的敌意，才成就了这一段千古佳话，这便是宽容的力量。

宽以待人，化敌为友

我们常说朋友多了路好走，做事情要想成功自然是广交友、少树敌为好。不可否认的是敌人意味着对立和阻碍，但是换个角度想，敌人也如警钟、镜子，让我们时刻保持高度的警惕和清醒的自我认知。此外，共同的敌人为团队带来的凝聚力也不容小觑。

世事洞明皆学问，人情练达即文章。胡雪岩之所以能够取得巨大的成功和他对于人际关系的独到见解息息相关，他认为世界上没有永远的敌人，只有永远的利益，只要条件允许，敌人也可以转化为朋友。

有一次，胡雪岩的贵人——湖州知府王有龄求见浙江巡抚黄宗汉遭拒，这让王有龄百思不得其解，胡雪岩得知后便出面帮他去打听事情的原委。胡雪岩与黄宗汉的师爷交情匪浅，通过一番打听才得知是王有龄的同僚、黄宗汉的远亲周道台向黄宗汉吹耳边风，说王有龄今年收入颇丰，但孝敬巡抚大人的银两并没有随之增多，这引起了黄宗汉的不满，于是便拒绝接

见他。胡雪岩直接大笔一挥填写了一张两万两银子的折子差人送给黄宗汉，帮王有龄平息了上司的不满。他们知道周道台觊觎知府的位置，一定不会善罢甘休。黄宗汉的师爷是一个懂得察言观色的人，由于经常领受胡雪岩的好处，在得知周道台暗中向洋人买船的把柄以后赶忙将消息告诉了胡雪岩，胡雪岩并没有选择趁机打击周道台，而是让王有龄去向巡抚大人说明自

己想要出资襄助政府买船的意愿，并推举周道台办理此事，这既解决了政府的燃眉之急，又使周道台暗中买船的事情合法合规，得知此事的周道台被王有龄的胸襟彻底征服，两人化敌为友，成为至交。

胡雪岩始终清楚自己的目的是获取利益，而不是树敌，所以他始终持有一颗宽容之心，团结一切可以团结的力量，尽量不去树敌。当你宽容地去对待那些对你怀有敌意的人时，对方自然能感受到你的善意，任何一个聪明人都会选择收起成见、接受善意，这就为双方关系的缓和提供了契机。反之，如果事事都要一较高下，针尖对麦芒，往往会激起他人的胜负欲，不仅给自己树立敌人，还会把事情搞得一团糟。

化敌为友是一种智慧

大禹治水中曾说过：疏为上策，堵为下策，这句话同样适用于人际交往中。所谓的“疏”便是宽容大度，化敌为友，这会使我们的道路越走越宽，“堵”则是斤斤计较，化友为敌，会使我们前行的道路狭窄崎岖。两者的效果一目了然，怎么选择自然不言而喻。

郭进是北宋初年的名将，他为人豪爽刚猛，赏罚分明。一次，他无意中得罪了自己手下的一名军校，这个军校便去宋太祖处诬告他拥兵自重，勾结外敌。宋太祖深知郭进为人忠诚，便命人将这个军校押解到郭进处让他自行发落。众人都以为郭

进一定会杀掉这个军校泄愤，然而郭进不仅没有愤怒，反而亲自为这个军校松绑，并对他说："眼下北汉对我大宋虎视眈眈，你既然有胆量向圣上告发我，必然也有勇气上阵杀敌，如果你能在战场上立功我会亲自为你向皇上请功，若是失败则去留随意。"听了他的话，这个军校十分诧异和感动，他自惭形秽，于是选择上阵杀敌。

这位军校在战场上表现得十分勇猛，屡屡击退敌军的进犯，立下战功凯旋，郭进没有食言，让他带上自己的上书去见宋太祖。宋太祖对这个告密的军校印象很差，于是对他说："你之前诬告上司，现在立下战功，功过相抵，就这样吧。"碰了一鼻子灰的军校回到了军营里，郭进听说后便带上他再次求见宋太祖，宋太祖说："这个人先前诬告你，难道你不恨他吗？"郭进说："君子一诺千金，我已经答应过他立功之后会为他请赏，如果我失信于他，恐怕以后大家都不会再心甘情愿地追随我了，还请皇上成全。”宋太祖听了以后觉得很有道理，于是便给了这位军校一个官职。

郭进是一个有大智慧的人，他明白相比于以武力降服对方，“攻其心”则高明得多。尽管对方诬告他，他仍能怀有一颗宽容的心，发现对方的优点并加以赞赏，不仅没有为难对方，反而给对方展示自己才干的机会，有这样的人格魅力自然能征服人心。我们常说：投我以木桃，报之以琼瑶，人心一旦被征服，所带来的能量是巨大的。所以，我们也要向郭进学习，不仅要学习他的识人之明，更要学习他的宽容大度。

宽容带来友谊和利益

海纳百川，有容乃大。要想成就“纳百川”的大事业，就要有宽容仁恕的大格局。一个人如果具有宽容的品质，是不会

将目光放在鸡毛蒜皮和一时得失的事上的，即使是他人做出了有损自己利益的事情，宽容的人也具备大事化小、小事化了的能力，种善因得善果，得到宽容的人也愿意做出让步和改变，这样双方不仅会收获友谊，更会收获长远的利益。而一个人如果小肚鸡肠，眼光只能看到眼前，处处计较，人生道路则会越走越窄，所求终会求而不得。

思维闪光时刻

- 化敌为友的策略
  - 宽容大度：疏为上策，堵为下策
  - 洞察人心：发现并利用对方的优点
  - 诚信待人：一诺千金，赢得信任
- 智慧总结
  - 宽容大度是人际交往的基石
  - 化敌为友是一种高超的智慧和策略
  - 洞察人心，诚信待人，获得长远利益

为人处世留余地，做事不可太绝

俗话说："做人留一线，日后好相见。"我们每个人都应该拥有宽容的品质，即使处于绝对有利的形势也要留一些余地给他人，不能把事情做得太狠太绝，这不仅是给他人留后路，也是给自己留退路。这是一种为人处世的智慧。

做人做事留余地

我已经知道错了，你为什么还揪着这件事不放？
你看，你做错事的时候希望别人立马原谅你，那别人做错事的时候，你为什么会不依不饶呢？

我……
哥哥这样做是想告诉你，做人做事留余地，生气也要有个度，我们两个拉钩和好吧。

你瞧，我这里还有一包薯片，你拿去吃吧。
真的吗？哥哥你不生气了？

其实我根本没生气，只是想通过这种方式让你感受一下你同学的感受。
我明白了，原来同学们的感受是这样的。

没错，做人留一线，日后好相见。
嘿嘿，我要把这包薯片拿去和同学们一起分享！

凡事过犹不及，人际交往也是如此。世界上的所有事物都在不断地发展变化，不管是情绪管理还是处事分寸都讲究恰到好处，如果自己得势或者占理就对他人做出偏激的言行，那与小人并无二致。做人要具有宽容和体谅他人的肚量，没有人能永远立于不败之地，人生山水又相逢，如果做事不留余地，他日一旦失势自己又将何去何从呢？

留有余地，利人利己

做事留有余地是一种处世哲学。水满则溢，月盈则亏，事物总是在不断发展变化的，凡事做得太绝结局往往会朝着另一个极端的方向发展，所以我们在面对问题的时候要充分考虑后果，处理事情时也要留有余地，一旦有任何变数还能有转圜的余地和全身而退的机会。

有一次，因为赢得了一场重要的战役，楚庄王心情大好，大宴群臣。席间不仅有美酒佳肴，更有他的宠姬们助兴，大家喝得酣畅淋漓，一直到日暮时分筵席还没有散场。

正在大家推杯换盏之际，大厅里忽然刮过了一阵疾风，烛火全部被吹灭，楚庄王平素非常宠爱的许姬忽然感觉有人拉住了她的手，几番拉扯之下，她把对方帽子上的缨带给扯了下来。又羞又恼的许姬请求楚庄王严惩这个妄图非礼自己的人，楚庄王悄声对许姬说：“应该是有人醉酒所为，是寡人组织大家豪饮的，要说严惩，寡人首当其冲。”许姬听完也就不再说什么了。楚庄王大声说道：“今日宴饮实在痛快，不如我们都

把帽缨拿下来，大家喝得更畅快些！”群臣纷纷照做，大厅里的烛火重新被点燃，筵席继续在欢快的气氛中进行着。

三年后，楚晋开战，有一位将领引起了楚庄王的注意，因为每次开战他都无所畏惧地冲在最前面。打败晋国以后，楚庄王特意询问了这位将领为什么这么勇猛，他回答说：“不知道大王还记不记得三年前的筵席，其实我就是那个被扯下缨带的

人，没想到您非但没有治我的罪，还帮我解了围，从那以后，我便立誓为了楚国和大王万死不辞。”

正是因为楚庄王的宽宥和留有余地，才换来了一位忠心耿耿的臣子，绝缨之宴也作为美谈流传千年。

楚庄王之所以能够在战火纷飞的时代脱颖而出，成为春秋五霸之一，其个人突出的能力毋庸置疑，宽容仁慈的行事风格也为他提供了巨大的助力。假如没有绝缨之宴上他宽容地为这位将领解围，也许楚晋之战的过程会变得坎坷甚至被改写结局，而绝缨之宴也仅仅是一个缩影和片段，正因为他在处理问题时留有余地的做法，才使得有才之人愿意追随其左右，为楚国效力。这种行事风格和智慧也值得我们深思和学习。

留有余地，改写结局

做事情留有余地是一种“攒人品”的行为，有助于我们灵活地适应复杂多变的环境。风水轮流转，每个人都不是全知全能的，也不会永远一帆风顺，在前行的道路中都会经历起起伏伏，得意时切忌落井下石、咄咄逼人，否则一旦失势必然会墙倒众人推，破鼓万人捶。

齐僖公是春秋三小霸之一，他有三个儿子，分别是太子诸儿、公子纠和公子小白。他去世之后，太子诸儿登上王位，史称齐襄公。齐襄公荒淫无道、有悖人伦，齐国的局势江河日下，公子纠和公子小白都预感到内乱即将发生，分别避走鲁国

和莒国。果不其然，齐襄公十年内乱爆发，齐襄公被杀死，公孙无知取而代之，没过多久，公孙无知也被杀害，齐国陷入了群龙无首的局面，作为王室血脉的公子纠和公子小白都看到了机会，同时出发返回齐国并准备争夺王位。

为了登上王位，公子纠派管仲在公子小白回国的途中拦截他，劝说不成管仲选择射杀公子小白，公子小白诈死瞒过了管仲等人，快马加鞭地抢先一步回到齐国登上了王位，史称齐桓公。面对满目疮痍的国家，齐桓公急需人才辅佐自己，一直追随其左右的鲍叔牙向他力荐管仲，当初的一箭之仇让他耿耿于怀，对于鲍叔牙的提议他并未立即采纳。鲍叔牙与管仲虽然政治立场不同，但私交甚笃，他客观冷静地从多个角度罗列了管仲的高明之处，并劝谏齐桓公放下往日恩怨。齐桓公听取了他的建议，择良辰吉日亲自迎接管仲入宫，不久之后更是拜管仲为相，管仲被齐桓公彻底感动，尽心尽力地为之谋划，齐国的内政和外交面貌都焕然一新，在他的辅佐下，齐桓公成为春秋第一位霸主。

尽管内心对往日的恩怨还有一些介怀，但齐桓公还是听取了鲍叔牙的建议，为了国家的利益放下私人的恩怨，以上宾之礼对待管仲，不得不说他是一位眼光长远、胸襟开阔的君王。感动于他的宽容和恩情，管仲为了齐国的发展殚精竭虑，君臣彻底放下往日恩怨，联手缔造了齐国的霸业。我们在生活中也要有宽容的胸怀，做事留有转圜的余地，不能事事斤斤计较，否则前行之路必然阻力重重，难以达到预期的效果。

常怀宽容，拒绝极端

我们总说得饶人处且饶人，每个人都是大千世界芸芸众生中的一员，都会有犯错的时候，我们要常怀宽容和体谅的心去对待他人，不要揪着他人的错误不放，毫不留情地断绝与他人

之间的关系。仁者爱人，有礼者敬人，爱人者人恒爱之，敬人者人恒敬之，我们怎样对待他人，就会被他人怎样对待，所以不管得意也好，占理也罢，对他人都要尊重和谦逊，言语和行为都不可以放肆和极端，要给双方都留有起码的颜面和转圜的余地，以免事情的发展失去控制。

思维闪光时刻

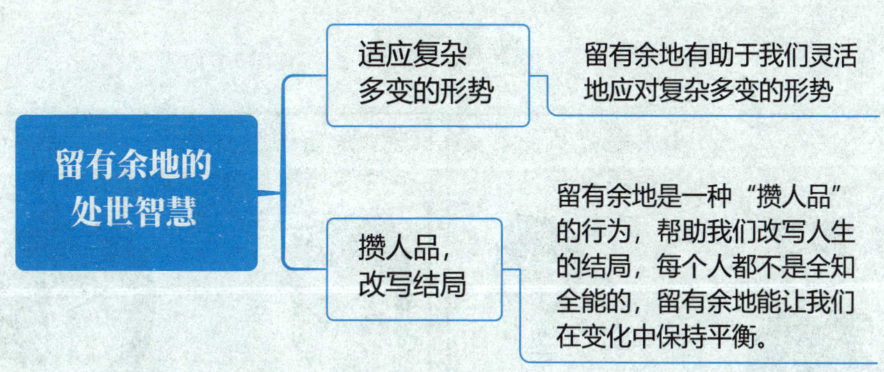

把握"恩威"之度，才是顶级的谋略

恩威并重是一种讲究平衡的领导艺术，"恩"是指给予好处，"威"则是指施加压力。好处给多了人容易得意忘形，压力给大了容易引起反弹，所以"恩"和"威"在使用的分寸上一定要恰到好处，才能更好地达到管理的目的。

恩威并施

可我若是不严厉一点儿，还怎么管理好班级呢？
管理班级的学问可大了，谁说只能严厉？

刚才的实验，我要用酒精，小恒非要用蜡烛，如果是你，你会怎么办？
这个问题多简单呀！

这样做我的班长威风岂不是都没了？
为什么不两个都试一试，再做选择？

你做班长，该不会只是想要耍威风吧？
当然不是啦！

我只是怕失去威信，这样别的同学就不听我的了。
才不会呢，懂得恩威并施的人才是最受人尊重的。

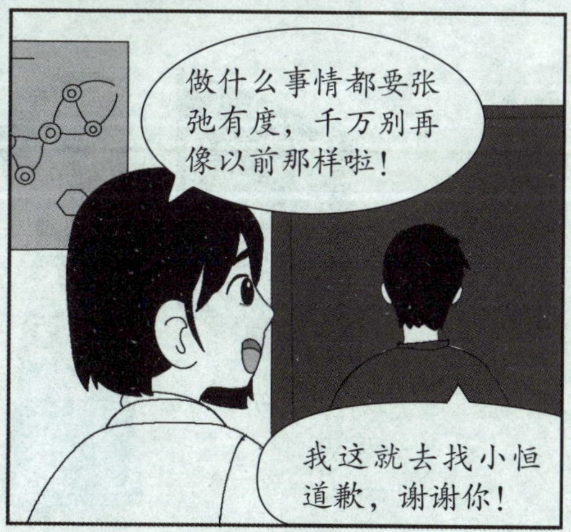
做什么事情都要张弛有度，千万别再像以前那样啦！
我这就去找小恒道歉，谢谢你！

古往今来，做事情要想取得成功就要懂得驾驭之道和平衡之术。聪明人懂得“恩”和“威”都是做事情的手段，二者同等重要，所以在处理问题的时候，他们既不会只给予好处，也不会一味地施加压力，而是两种手段交替或者同时使用，这样既能笼络人心，也能让人不敢造次，将事情的发展态势牢牢地掌握在自己的手中，以便能顺利达到目的。

恩威并重，巧用人才

过刚易折，过柔则靡。刚与柔、恩与威就像天平的两端，一味地采取其中某一种策略一定会引起天平的失衡，给自身利益带来损害，因此在使用的时候要将二者巧妙地融合，施恩时适度敲打，施威时给点甜头，张弛有度，恩威并重才能起到更好的效果。

胡雪岩作为名扬天下的富商巨贾，商业版图遍布天下，手下的工作人员数量庞大，在管理工作人员的时候他便会采取恩

威并重的策略。

当年胡雪岩刚刚涉足丝织行业，因为找不到合适的管理人员而感到非常苦恼。恰巧这个时候他认识了一个名叫陈世龙的人，目光如炬的胡雪岩发现此人天赋异禀，说话办事很有一套，但是这个人常年混迹于花街柳巷，吃喝嫖赌样样都沾，在到底用不用陈世龙这件事上，胡雪岩有些犹豫。经过一番深思熟虑，胡雪岩将陈世龙叫到了自己面前，对他说："我现在需要一个人替我打理丝绸生意，我看你有经商的天赋，不知道你愿不愿意跟着我干？"陈世龙知道胡雪岩是一个在官场和商场都叱咤风云的大人物，这样的机会对于自己而言无疑是天上掉馅饼，忙不迭地点头答应。胡雪岩接着说："只要你好好跟着我做事情，荣华富贵肯定少不了你的。"激动不已的陈世龙连连称是。胡雪岩随即拿出一些银钱让他先拿着用，接着又对他说："我这个人一向赏罚分明，即使你再聪明能干，若是不按规矩行事我肯定不会留人，希望你好自为之。"聪明如他，自

然听出了胡雪岩的弦外之音。从此以后，他脱胎换骨改掉一身恶习，勤勤恳恳、兢兢业业地为胡雪岩打理生意，成为一个能独当一面的管理人才。

胡雪岩是一个眼光独到的人，他能够发现陈世龙身上的优点并将其收为己用，在收服“老油条”陈世龙的时候，他懂得恩威并施，首先他展现出了自己赏识陈世龙的诚意，并且使用“钞能力”，让陈世龙为了前途甘心追随自己，同时他旁敲侧击地点出了对陈世龙的不放心之处，促使陈世龙改掉恶习。我们也要学习这种对“恩”和“威”的把握，既给对方希望，又亮明自己的底线，帮助自己达到目的。

恩威并重，有效管理

作为领导策略和管理手段，施恩与施威是相辅相成的关系。恩威并重有助于平衡上级与下属之间的关系，使双方既不轻慢也不越界，同时有助于调动下属的积极性，创建公平、公正的工作环境，对提高工作效率，增强团队的凝聚力等都有积极的作用。

东魏政权明面上是元善见为皇帝，实际掌权的人却是高欢和高澄父子。高欢为了维护国家统治，在东魏推行鲜卑化的政策，同时他大力笼络汉族的豪强世族，甚至对这些人贪赃枉法的行为视而不见，这让一部分忠良之士非常焦急，其中一个叫杜弼的人极力劝说高欢实行改革，严惩贪官污吏，却遭到了高

欢的厉声斥责。

高欢知道杜弼所言句句正确，但他担心得罪了这些权贵会使原本就风雨飘摇的政权彻底土崩瓦解。于是，他将大权交给儿子高澄，自己则在别都晋阳远程指挥。与父亲一味地安抚不同，高澄做事雷厉风行，他掌权以后不管亲疏远近和官职高低，有错必惩。尚书令司马子如仗着自己身居高位，又与高欢是故交好友，毫不避讳地大肆敛财，高澄收到朝臣们的举报信以后，二话不说便把司马子如关进了监狱。一向恣意妄为的司马子如哪里见过这般阵仗，他知道高澄的性子刚硬，手腕铁血，吓得整天魂不守舍。一日，高澄接到了父亲高欢的来信，告诫他点到为止。高澄收到信时正在大街上，于是便派人直接将司马子如带了出来，不明就里的司马子如以为自己死期将至，谁知道高澄只是免去了他的官职。事后，高欢虽送给了司马子如一堆财物作为安抚，但朝臣们看到与高欢交好的司马子如犯错尚且会被关进大牢走一遭，以后的言行举止也都收敛了不少。

高欢和高澄父子二人通过巧妙地配合，用恩威并施的举措成功地稳定住了局势。高欢负责“施恩”，让权贵们都获得好处，支持自己的统治；高澄负责“施威”，使那些不知收敛、恣意妄为的权贵们受到震慑，收敛自己的言行。作为一个领导，只知施恩，则会出现“近则不逊”的现象，使下属做出轻狂之举；只知施威，则会出现“远则怨”的结果，同样不利于管理和领导。所以，我们一定要做到恩威并重。

恩威并重，提升领导才能

要想具备出色的领导才能，恩威并重是一项必须学习和掌握的技巧。所谓的“恩”是指要发自内心地去关心自己的下属和员工，让他们感受到被关注、被尊重、被认可，满足他们的

心理需求并为他们提供力所能及的物质支持。而所谓的“威”则是指照章办事，没有规矩不成方圆，所有的人都必须严格遵守规矩，没有一个人可以搞特殊。“恩”与“威”互相补充，二者缺一不可，同时要注意拿捏好尺度和分寸，这样才能有效地推动所谋之事朝着良性的方向发展。

思维闪光时刻

- 胡雪岩以恩威并重的策略管理工作人员，成功收服陈世龙，实现商业目标
- 恩威并重是有效的领导策略和管理手段，有助于平衡关系，调动积极性，提高工作效率
- 在管理团队时，应适度把握“恩”和“威”的分寸，以达到最佳效果

损人不利己，时时给自己留后路

一个有智慧的人在道德方面会有自己所要坚守的底线和原则，他们不屑于通过损人的手段做出对自己有利的事情。即使他人取得成绩，他们也会坦然接受并以此为目标去奋斗，因此他们在处理人际关系的时候总会给双方留有余地。

损人不利己

我亲眼看见你弄碎的，你怎么不承认呢！

你说得不对，我去找老师调监控，一定要还我一个清白！

敬远说是我打碎的花瓶，您能替我们调监控吗？

请……请等一下，其实花瓶是我打碎的，因为担心挨骂，所以才栽赃给小恒的。

敬远，你怎么能做这种损人不利己的事情呢？

对不起，是我错了，我以后再也不会做这种事情了。

人上一百，形形色色，我们每个人行走于社会中不可避免地要和各种人打交道，发生分歧和摩擦在所难免。我们总说冤家宜解不宜结，冤冤相报何时了，和人打交道时我们要常常反思自己的言行，学会换位思考，说话做事都要留有余地，不能咄咄逼人，更不能为了一己私欲对他人赶尽杀绝，因为这样不仅是在断别人的后路，也是在断自己的后路。

留有余地，利人利己

人生在世，要学会谦逊低调和仁爱宽容，得意之时更需要如此。不要小看每个小人物，蚂蚁虽小，却可以撼动大象，即使是不起眼的小人物也可能在某一时刻迸发出巨大的力量，谱写传奇或者改写历史，因此即使是对待小人物，我们也要记得留有余地。

马在中国古代不仅是社会地位的象征，也是繁荣昌盛的标志，所以很多人都爱马，秦穆公就是其中一位。为了养马，他在岐山修建了一个皇家牧场，派专人照顾自己的各种名马。马场的设施非常完善，牧官也对马儿尽心照顾，然而百密一疏，有一天有几匹彪悍的马冲破围栏跑了出去，这可把牧官吓坏了，他连忙发动手下分头去寻找，大家苦苦寻找，最终在山脚下的一个农村发现了马的头骨，这对于牧官来说简直是晴天霹雳，他觉得自己和这个村子的村民都死定了。惊恐的牧官上书请求秦穆公降罪，秦穆公得知事情的原委以后宣布免罪，保住了性命的牧官和村民对秦穆公感恩戴德。

一次，秦国和晋国爆发了战争，秦穆公在战场上连连失利，晋军慢慢逼近，将他团团包围。正当他心灰意冷、孤立无援之际，晋军的防守突然被打开一个口子，一队勇猛的骑兵仿佛从天而降，打得晋军措手不及，原本对秦国不利的局势逐渐被扭转，晋军仓皇退兵，秦穆公脱离了险境。获救后的秦穆公

非常感激，连忙问他们出自哪支部队，领头的人毕恭毕敬地说："大王，我们是岐山脚下的农民，当年我们吃了马肉您饶我们不死，为了报答您的恩情，我们自当万死不辞。"秦穆公听完以后一下就明白了，原来是当年的不杀之恩，在危急关头帮助自己脱离虎口。

当时国君权力至高无上，吃掉了国君的爱马足以让一个村子的人都身首异处。秦穆公虽然爱马，但他更爱自己的子民，他知道即使杀掉那些村民也于事无补，于是对牧官和村民的无心之失选择了谅解。这些被赦免的人始终将秦穆公的恩德铭记于心，并在关键时刻拼死相救。我们为人处世也要学会宽容和谅解，做任何事情都要学会留有余地，即使是一些看似微不足道的善举也有可能在某一天帮到自己。

损人之事不能做

生活中不乏通过损人来满足一己私欲的小人，不管得到的是心理上的满足，还是实际的利益，都能让他们感觉畅快。这样的人不管走到哪里都会因为阴损狠辣、不留余地而被人诟病和唾弃，实际上是一种丢了西瓜捡芝麻的行为，从长远来看，这样做对自己有害无利。

战国时期，楚国和魏国接壤，因为局势比较稳定，守在界亭处的魏国亭卒便开始在自己的驻地种一些蔬菜瓜果，楚国亭卒见状也开始效仿。魏国的亭卒们对自己的菜地十分上心，打

理得非常勤快，很快种子便破土而出、茁壮成长，这让他们欣喜不已。楚国的亭卒们对打理菜地毫无兴趣，他们的田里颇有“草盛豆苗稀”的感觉。眼看魏国的菜地就要丰收了，楚国的亭卒们感觉非常忌妒，于是他们在一个夜黑风高的晚上跑到魏国亭卒的菜地里大肆破坏了一番。

翌日清晨，看到惨不忍睹的菜地，魏国亭卒怒火中烧，找到了边县县令宋就，并扬言要以牙还牙，也要对楚国的菜地搞破坏。宋就听了以后劝阻说：“如果你们真这么做了，那和楚国的亭卒们又有什么区别呢？不如你们每天悄悄地去打理楚国的田地，如果你们可以做到，高下立判。”魏国的亭卒们听了觉得很有道理，于是他们按照宋就的话去做。

时间一天天过去，楚国的亭卒们发现自己的菜地居然在一天天变好，通过暗中观察，他们发现这居然是魏国亭卒的功劳。这件事传到了楚国边县县令的耳朵里，他对魏国亭卒的行为敬佩不已，于是将此事禀告给了楚王。楚王大为震惊，觉得魏国是个礼仪之邦，便派使臣携带礼品前去魏国，表达自己的歉意和敬意，从此以后，两国的关系变得更加亲密。

面对楚国亭卒的破坏行为，不管是宋就的劝说还是魏国亭卒的听劝都显示出了他们宽容的胸怀和高尚的品格，正是这种包容和忍让感动了楚国人的心，促使两个国家的关系更上一层楼。在与人交往时，我们要时刻提醒自己，不管做什么事情，出发点一定要是善意的，害人之心不可有，坚守自己的道德底线，损人之事不管利不利己都坚决不能做。面对他人的过错，我们要学会宽恕，给他人机会也是在给自己机会。

留有余地道路宽

做事情留有余地是一种积累好人缘的行为，不管对他人还

是对我们自己都是有好处的。社会就像是一张巨大的人情关系网，如果你能把握好分寸和尺度，心胸宽广、情商高，谁会拒绝和你做朋友呢？反观那些做事不留余地的人，他们积攒的全都是坏人缘，大家都会对他们深恶痛绝，又有谁愿意与之交往呢？我们总说：得道多助，失道寡助，这里的“道”就可以理解为好人缘，做事留有余地就会带来好的口碑，人情关系网也会越织越密，道路也会越走越宽。

思维闪光时刻

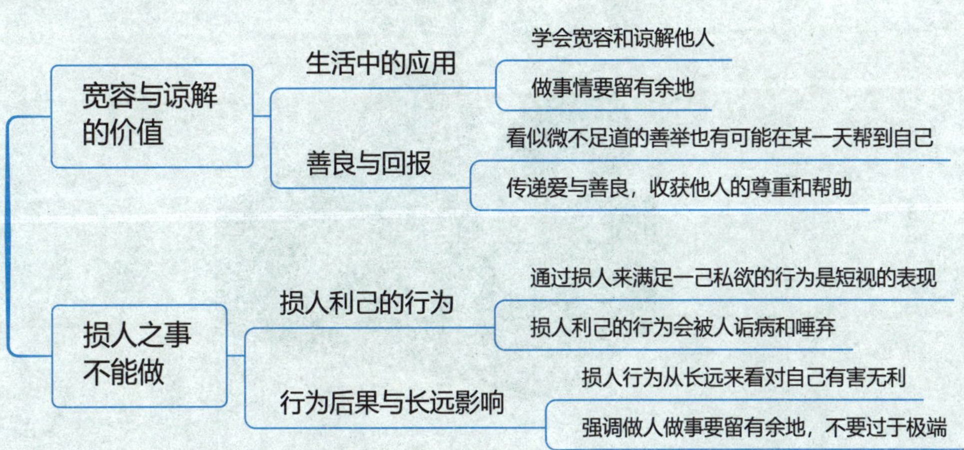

第六章

造势借势，谋局博弈者胜

在人生的棋局中，每个人都是一名棋手。要想赢得这盘棋，不仅需要精湛的棋艺，更需要有造势借势的智慧和谋局博弈的胆识。造势如同扬起风帆，借助风力快速前行；借势则是巧妙利用周围的一切助力，使自己事半功倍。而谋局博弈则意味着要深思熟虑，洞察先机，制定长远的规划，以应对未来可能出现的各种情况。只有这样，我们才能在人生的棋局中步步为营，最终取得胜利。

防人之心不可无，将计就计反将一军

容易上当受骗的人，常常因为缺乏足够的警惕和对他人动机的深入了解，而让自己的软肋暴露无遗。在人际交往中，我们需要学会时刻保持冷静的头脑，不被表面的善意和甜言蜜语所迷惑，要时刻保持警惕，洞察人心，才能在纷繁复杂的世界中守护好自己的安全边界。

防人之心不可无

晚上？你一个人吗？
只怕是有点儿危险呀！

我猜可能和竞选班长有关，所以我不太想去。

可是，我又担心不去的话，写纸条的人会来找我麻烦。

别着急，我有个好办法。
真的？

你打开手机录音功能，如果对方要贿赂或者要挟你，这样你不就有证据了吗？

后面对方再找你麻烦的话，你就把录音交给老师。
好的，谢谢你帮我想办法。

在面对强大的对手时，我们不仅要有坚韧不拔的毅力，更要学会运用策略与智慧。首先，我们要学会借力打力，观察并分析对手的优势和劣势，抓住可以转化为自身力量的机会，从而削弱对手的攻势。同时，我们还需要具备将计就计的能力，不仅要了解对手的计谋，还要能够灵活应对，甚至巧妙地将对手的计谋转化为自身优势。只有这样，我们才能取得最终的胜利。

周瑜巧用反间计除掉曹操的左膀右臂

在三国时期，曹操率领庞大的军队南下，准备一举征服东吴。然而，他的北方铁骑在江南水乡作战却显得力不从心，唯有依靠蔡瑁和张允两位精通水战的将领。有了他们的助力，曹操的水军逐渐崭露头角，成为东吴的心头大患。

周瑜意识到，若蔡瑁和张允不除，东吴将陷入困境。此时，他的老友蒋干代表曹操来劝降。周瑜灵机一动，想出了一个好计策。

周瑜看到老友蒋干来访，很高兴地招待他，两人边喝酒边聊起了过去的友情，完全不谈军事上的事情。晚上，周瑜假装喝醉了，和蒋干同睡一屋。夜里，蒋干醒来，发现周瑜的桌子上有一封信。他偷偷查看了信的内容，才知道蔡瑁和张允想投降东吴。蒋干吓得赶紧把信藏了起来，决定连夜赶回曹营告诉曹操这个重要的消息。

周瑜看着蒋干离去的背影，心中暗自窃喜，他的计划已经

成功了一半。果然不出所料，蒋干将周瑜伪造的密信呈给了曹操。曹操本来就对蔡瑁和张允心存疑虑，此刻见到这封密信作为铁证，他怒不可遏，立即下令将两人处死。

周瑜听到这个消息后，十分兴奋："现在最大的敌人已经被除掉了，此战必胜无疑。"曹操虽然后悔，但为时已晚。此后，他又中了庞统的连环计，最终在赤壁之战中惨败。这一战

不仅改变了三国的格局，也让曹操的霸业之梦彻底破灭。周瑜和庞统凭借他们的智谋和勇气，成功地为东吴争取到了生存和发展的机会。

周瑜的反间计成功实施，东吴的危机得以暂时缓解。通过这一计策，周瑜不仅成功地除掉了东吴的心腹大患，还巧妙地利用了曹操的疑心，进一步削弱了曹军的实力。周瑜的反间计展现了他非凡的智慧和谋略。他准确地把握了曹操的性格特点，巧妙地利用了人性的弱点，将计就计，反将曹操一军。庞统的连环计更是让曹军惨败，使曹操的霸业之梦彻底破灭。通过计策，他们为东吴争取到了宝贵的战机。

韩襄毅将计就计巧化危机

在错综复杂的政治棋局中，智谋往往扮演着决定性的角色。韩襄毅，这位威名远扬的将领，便以其非凡的智谋，将计就计巧妙地化解了一场潜在的危机。

一日，郡守精心准备了一份厚礼，送至韩襄毅的营帐内。这份礼物不仅外观华丽，内里竟藏有一名美丽动人的女子。郡守此举显然有所图谋，想要通过这份“赠品”窥探韩襄毅的反应，或是试探其底线。

面对这份突如其来的“厚礼”，韩襄毅并未被表面的华丽所迷惑。他深知，这背后定有不可告人的目的。于是，他决定将计就计，他没有直接拒绝这份礼物。他清楚，要妥善解

决这场微妙的游戏，既需保全自己的威严，又不可轻易得罪郡守。

在处理这件事上，韩襄毅展现出了他过人的智谋。他邀请郡守进入营帐，亲自揭开礼物的面纱。当那名女子出现时，他并未露出任何异样，反而以礼相待，让她为二人斟酒。整个过程，他始终保持着冷静与从容，仿佛这一切都在他的预料之中。

酒过数巡，韩襄毅并未对那名女子有任何不当之举。相反，他巧妙地将那名女子交由郡守带走。这一举动既展示了他的大度与风范，又巧妙地回绝了郡守的试探。

这场较量充分展现了韩襄毅的智谋与胆识。他通过巧妙的应对，将计就计不仅化解了潜在的危机，还赢得了郡守的尊重与敬佩。在权力的斗争中，他用自己的智谋证明了将计就计智取的重要性。

韩襄毅以其独特的智慧，巧妙地应对了郡守的试探。他深知郡守的用意，却不动声色，将计就计，通过邀请郡守入帐，让女子斟酒再归还等一系列精心安排的行动，既保全了自己的威严，又未得罪郡守，更赢得了对方的尊重。韩襄毅的智取策略，不仅化解了危机，更彰显了他作为将领的智慧与胆识。他既没有让郡守的阴谋得逞，又维护了自己的尊严和风度。韩襄毅的智慧和机智不仅令人赞叹，更展现了他作为一名杰出将领的非凡才能和卓越智慧。

以智取胜，反败为胜

在人生的战场上，我们时常会遭遇对手的巧妙布局。当这些布局看似要将我们逼入绝境时，不必慌张，我们反而可以借势而为，将计就计。这不仅是一种战术，更是一种智慧的抉择。要知道，对手的布局背后必定有其软肋和破绽。我们不急

于反击，而是应先静下心来，仔细分析，找出其中的破绽。然后，我们利用这些破绽，巧妙地设下自己的陷阱，等待对手自投罗网。这种以智取胜的方式，不仅能让我们在竞争中反败为胜，更让我们学会了要在逆境中寻找机会，用智慧去应对生活中的挑战。

思维闪光时刻

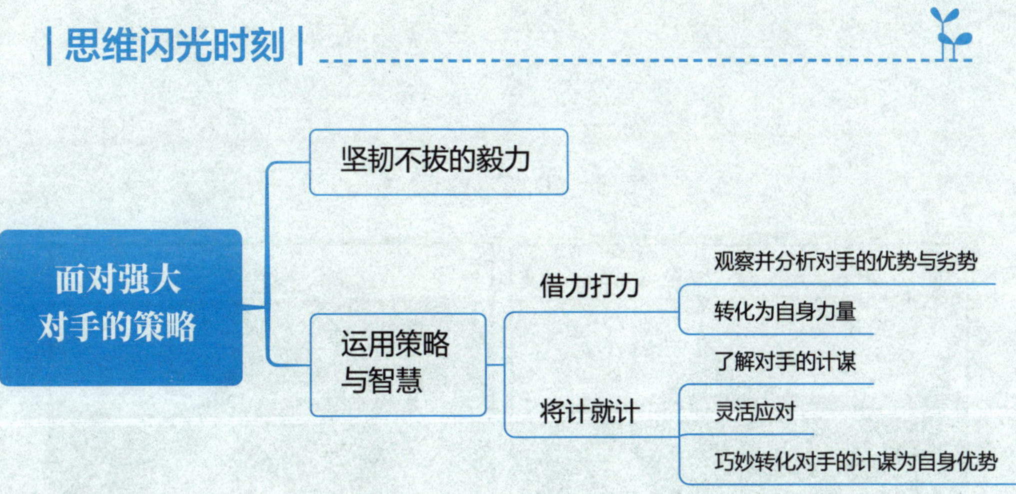

在真实中激发潜能，别死要面子活受罪

在中国的传统文化中，人的面子承载着深厚的社会意义，它是尊严和荣誉的代名词。在日常生活中，无论是社交场合还是家庭聚会，我们都十分珍视并在努力维护着自己的面子。

死要面子活受罪

敌远，我看你也有些气喘，咱们还是休息一会儿吧！
我才没有气喘呢，赶快走，我一点儿也不累。

敌远，你要是累了，可得告诉我们，千万别逞强。
别废话了，赶爬吧！

我们决定先休息，你要是想继续爬，就自己往上爬吧！
哼，爬就爬，谁怕谁啊！

不好啦，不好啦，敌远爬到半路摔倒了！
什么，我们快去看看！

敌远，你没事吧？
没……没事，我还能继续爬！

你就别逞强了，死要面子活受罪，停下来休息一会儿，没人会笑话你的。
真……真是不好意思，让大家看笑话了。

在竞争激烈的社会中，一个人的面子常被视作尊严的坚固盾牌。然而，在追求长远利益的道路上，我们有时需要暂时放下这层面子。面子虽然重要，但与其被面子束缚而错失良机，不如以更开阔的视野看待问题，将个人的利益置于首位。这种选择并非轻视尊严，而是对现实的一种深刻理解和智慧应对。在关键时刻，放下不必要的面子，往往能为我们带来更大的利益和更广阔的发展空间。

秦昭王屈尊求贤

在战国战火纷飞的年代，秦昭王为统一天下招揽贤才。范雎虽受猜疑逃离魏国，但携策书入秦求用。刚到秦国时，范雎并没有得到重视，便想着离开。秦昭王读到他携带的策书后非常高兴，并且五次下跪请教，诚意十足。范雎最后被秦昭王的诚意所打动，决定辅佐其统一六国。

范雎抵达秦国后，秦昭王放下了君王的尊严和面子，亲自在宫廷中迎接这位贤士。在初次会面时，秦昭王虽然急切地想要从范雎那里得到强国之策，但范雎谨慎地保持沉默，不愿轻易透露自己的想法。他观察到秦国内部权力分散的问题，以及太后和权臣对朝政的干预，认为这是阻碍秦国统一六国的最大障碍。但这些问题他不好直接为秦昭王点破。

面对范雎的沉默，秦昭王并未气馁，他多次向范雎请教，并表现出了极大的诚意和耐心。在秦昭王的诚恳请求下，范雎终于提出了“远交近攻”的策略，并指出秦国内部权力分散的

问题，建议秦昭王加强王权，整顿朝政。

为了国家的未来，秦昭王决定采纳范雎的建议，并付诸实施。他舍弃了君王的面子和尊严，开始对内整顿朝政，削弱太后和权臣的权力，加强王权。同时，他也积极推行“远交近攻”的策略，与远方的国家搞好关系，稳定外交局势；集中兵力攻打邻近的韩国和魏国，以扩大秦国的领土和影响力。

通过这一系列的努力，秦国逐渐摆脱了内部的权力纷争和外交的被动局面，开始走向强盛。秦昭王舍弃君王的面子和尊严的行为，也成为后世君王为了国家大业而舍弃个人利益的典范。

秦昭王为求国家昌盛，毅然放下君王的尊严，五次下跪，虚心向范雎求教。范雎以其深邃的智谋和远见，为秦国绘制了强盛的蓝图。为了国家的长远利益，秦昭王不惜舍弃个人面子，展现了他对国家统一的坚定信念和执着追求。正是这份牺牲和坚持，为秦国后来统一天下奠定了坚实的基础，成为后世君王为大局舍弃小我的典范。

赵武灵王放低姿态效仿胡人

在战国战火纷飞的年代，赵武灵王作为赵国的国君，面临着来自各方诸侯的压力。他深知赵国要想在群雄逐鹿中生存并崛起，必须进行彻底的改革。

赵武灵王观察到胡人以其独特的战斗方式在战场上屡战屡胜，他们的短装、骑马射箭的技巧让赵武灵王看到了增强赵国军事实力的希望。于是，他提出了“胡服骑射”的改革方案，意图让赵国士兵学习这种战斗方式。

然而，这一改革方案在朝廷中引发了巨大的争议。许多大臣认为这不仅有违传统，更有损国君的尊严和体面。但赵武灵王深知，在国家利益面前，个人的面子微不足道。他毫不犹豫

地舍弃了君王的尊严，亲自穿上胡服，在朝臣面前展示骑射技巧，用实际行动推动改革。

面对朝野的质疑和反对，赵武灵王并没有退缩。他亲自与反对者辩论，耐心解释改革的必要性和重要性。他甚至亲自拜访了顽固的贵族公子成，用诚恳的态度和坚定的决心说服了这

位叔父。在赵武灵王的努力下，公子成最终穿上了胡服，成为支持改革的一员。

随着改革的深入，赵国新式骑兵迅速成军，并在战场上屡立战功。赵国的军事实力得到了极大地提升，国家也逐渐走向强盛。这一切都离不开赵武灵王舍弃面子、坚持改革的决心和勇气。

面子和尊严对于君主来说至关重要，但赵武灵王深知，为了国家的长远发展，必须舍弃这些表面的荣耀。他观察到胡人的骑射技巧对于提升赵国军队战斗力有着巨大的作用，于是提出了“胡服骑射”的改革方案。然而，许多朝臣认为这不仅有违传统，更有损国君的尊严和面子。但赵武灵王并没有被这些声音动摇，他深知国家的未来比个人的面子更加重要。因此，他毫不犹豫地舍弃了君王的尊严和面子，亲自穿上胡服，在朝臣面前展示骑射技巧，用实际行动支持改革。

放下虚荣，拥抱真实

在纷繁复杂的社会中，人的面子似乎成了一种无形的枷锁，束缚着人们的行为。在这个追求表面光鲜的时代，人们常常为了维护自己的面子而疲于奔命。然而，真正的成长和进步，往往源自敢于面对自己的不足，勇于放下面子的勇气。放下面子，不是自卑，而是自信。让我们能够正视自己的弱点，勇敢地去改变，去提升。当我们不再被面子所累，我们便能更加专注于内心的成长，活出真实的自我。

思维闪光时刻

- 战国时代的智慧：秦昭王与范雎的合作、赵武灵王的改革
- 放下虚荣的重要性：个人成长、国家发展、社会进步
- 实际行动：秦昭王的五次下跪请教，赵武灵王的“胡服骑射”改革

识时务者为俊杰，审时度势用阳谋

在风起云涌的人生旅途中，智者深知局势如同风云变幻，难以捉摸。然而，他们却能在变幻莫测的局势中洞察先机，预见未来的走向。他们懂得，只有看清局势，才能做出明智的决策，将危机化为转机，将不利化为有利。

察言观色

听起来不错，
我们应该做
什么好呢？
要不就从整理家
里的书柜开始吧，
书柜有些乱了。

好，我一定
要把屋子打
扫干净，让
妈妈开心！

哥哥，你看，
我发现了这
本故事书，
小时候你总
讲给我听。

没想到还有意
外收获。
是呀，好怀念呀！

不过哥哥，你怎
么能笃定，我们
收拾好以后，妈
妈会开心呢？
真正聪明的人应该懂得
察言观色，洞察先机，
提前采取行动。

原来如此，那我
们赶快去整理其
他地方吧！
好！

在这个日新月异、变幻莫测的时代，识时务者才能称为俊杰。他们深谙世事，明白顺势而为的重要性。面对时代的变迁和环境的挑战，他们不会盲目抵抗，而会敏锐地把握时代的脉搏，理解并顺应潮流。他们知道，只有与时俱进，才能在不断变化的世界中立于不败之地。识时务者具备前瞻性和战略性眼光，他们善于从大局出发，洞察先机，为自己的发展制定明智的规划和策略。

萧规曹随

在汉朝的历史长河中，汉惠帝刘盈统治时期无疑是一个波澜壮阔的转折点。当朝宰相萧何病入膏肓，命悬一线。汉惠帝深感忧虑，亲自前往萧何府邸探望，“萧相国，您若离去，这大汉的江山，又有谁能如您一般，辅佐朕治理国家，守护百姓呢？”萧何微微一笑，回答道：“陛下，您是明君，自然能找

到合适的人选。”孝惠帝沉思片刻，提出了一个名字：“曹参，他是否适合？”萧何听后，眼中闪过一丝赞赏，说：“陛下真是有眼光。”

萧何去世后，曹参接任萧何的宰相之位。他并没有急于改变萧何制定的政策，而是选择了“萧规曹随，顺势而为”的治国策略。他深知国家需要的是稳定与发展，因此他尊重并延续了萧何的治国理念，同时根据时势变化，灵活地调整政策，确保国家能够稳步地前行。

曹参常常以酒会友，看似悠闲自在，实则是深谋远虑。他明白，治理国家需要耐心和智慧，不能急于求成。因此，他选择了一种看似轻松的方式来处理朝政，实际上却是在观察时势，为国家的未来做打算。

朝廷中的官员和宾客对曹参的行为议论纷纷，但汉惠帝始终对他充满了信任。他明白，曹参是在用自己的方式为国家贡献着力量。他赞赏曹参的忠诚和智慧，并相信在他的辅佐下，汉朝定能走向更加繁荣的未来。

曹参的治国智慧得到了历史的验证。他通过“萧规曹随，顺势而为”的治国策略，确保了国家的稳定与发展，为汉朝的繁荣奠定了基础。

曹参以“萧规曹随，顺势而为”的治国策略，成功接过了萧何的重担，为汉朝的稳定与发展立下了汗马功劳。他深知治国需要稳定，不急于求成，而是尊重先贤的治国理念，同时根据时势灵活调整。这种智慧与胸怀，不仅赢得了孝惠帝的信任，也为后世树立了典范。曹参的治国策略展现了他的远见卓识与深沉智慧，为汉朝的繁荣发展作出了不可磨灭的贡献。

少年昭帝：智破诡计，稳固皇权

在中国悠久的历史长河中，智慧与谋略往往成为王朝兴衰的关键。少年昭帝，虽年幼登基，却以其独特的洞察力和决

策力，在朝廷的波谲云诡中稳住了皇权。当时，霍光作为辅政大臣，手握重权，却也引来了朝中一些权臣的嫉妒与不满。这些权臣，如上官桀和桑弘羊，为了削弱霍光的势力，竟设计陷害，伪造了一封密信，意图将霍光推到风口浪尖。

然而，这一切都被年轻的汉昭帝看穿了。他在得知信件内容后，没有选择轻易相信，而是冷静地分析了其中的逻辑漏洞。他意识到，霍光作为大将军，负责演练御林军是他的职责所在，而调动校尉也是近期的事情，燕王的来信如何能如此迅速地得知这些消息呢？更何况，如果霍光真的想要发动政变，又何须如此大张旗鼓地调动人手呢？

昭帝的这一发现，让朝中的大臣们为之震惊。他们没有想到，这位年幼的皇帝竟然有如此过人的智慧和判断力。昭帝并没有因此惩罚那些陷害霍光的权臣，而是巧妙地化解了这场危机，稳固了自己的皇权。

最终，那些密信的编造者，在得知昭帝已经识破了他们的阴谋后，纷纷仓皇逃窜。而昭帝的智慧和决断力，也在这场宫廷斗争中得到了充分展现。

在汉朝的历史长河中，少年昭帝以其卓越的智慧和决断力，成功地应对了朝中权臣的阴谋。他面对伪造的密信，没有盲目相信，而是冷静分析、洞察真相，最终揭露出背后的诡计。昭帝的这一行为不仅彰显了他的睿智与机敏，更体现了他作为一代君主的坚定与果敢。他用自己的行动证明，即便年幼，也能以智取胜，稳固皇权。昭帝的故事激励我们，在面对挑战和困难时，应保持冷静、善用智慧，戳破诡计，以不变应万变。

节制与审时度势：智慧行事的准则

在纷扰的社会中，我们每一步的抉择都需要深思熟虑。心中保持适度的自控，是我们行事的基石，不轻易暴露自我，既保护自己，也显示对他人的尊重。同时，明智而审慎的行事风格至关重要，无论事情大小，都应经过深思熟虑，避免盲目跟风和草率决策。真正的智者能够洞察时局，以审时度势的智慧做出明智选择。他们以智慧取胜，摒弃阴险手段。这种阳光下的策略，基于诚实与智慧，使我们在复杂社会环境中稳健前进。

思维闪光时刻

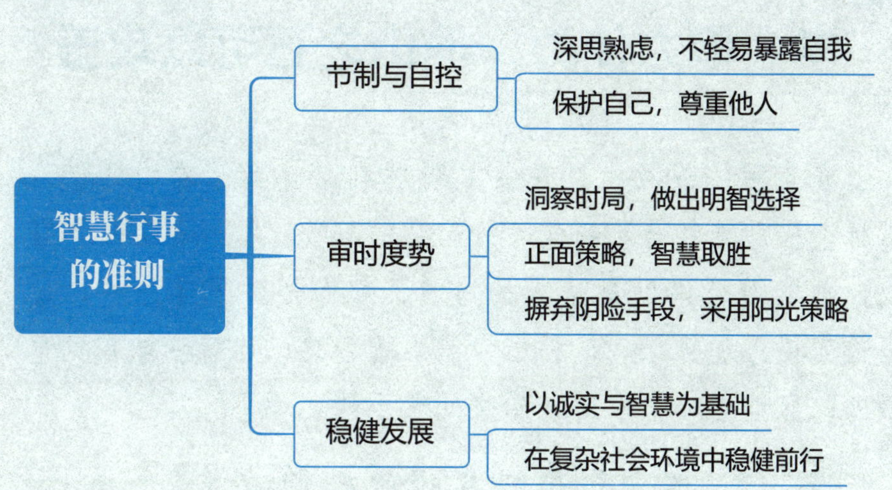
智慧行事的准则
节制与自控
深思熟虑，不轻易暴露自我
保护自己，尊重他人
审时度势
洞察时局，做出明智选择
正面策略，智慧取胜
摒弃阴险手段，采用阳光策略
稳健发展
以诚实与智慧为基础
在复杂社会环境中稳健前行

学会借力使力，他山之石可以攻玉

在生活的战场上，想要赢得胜利，就要像聪明的猎人那样，借助蛛丝马迹四处寻找猎物的踪迹。智者不会孤军奋战，他们懂得借助身边人的力量，就像搭顺风车一样，让事情变得更加轻松。这种借力使力的智慧，让智者能在竞争激烈的环境中轻松应对，始终处于不败之地。

善于利用和发掘他人的力量

你能有什么好办法？
你应该利用和发掘咱们班同学的力量。

怎么发掘呀？
小吴经常踢足球，耐力足、体力好，可以推荐他报名长跑。

有道理，我去帮忙劝说他试试看。

还有跳跳，人如其名，总是蹦蹦跳跳，咱们可以推荐她试试跳远。
你别说，你推荐的人好像真的可以。

这样一来就凑齐两个项目了。
剩下的接力赛只要找四个耐力不是很足，但是爆发力强的同学就行了。

你们俩真聪明，仅凭我一个人肯定完不成任务，多亏了你们的建议，谢谢你们！

成功者的背后，总隐藏着“善用资源”的高超技巧。他们明白，个人的力量终究有限，唯有巧妙整合各方资源，才能成就大业。这些高手总能精准把握机遇，犹如顺风扬帆，巧妙利用环境之力助推自己前行。这种“借力”的智慧，让他们能够在复杂多变的环境中游刃有余，以最小的代价获得最大的成功。

孙权借力定乾坤

在三国那段风起云涌的岁月里，孙权展现出了他非凡的智慧和铁血手腕。面对曹操的强势逼近，东吴的朝野上下弥漫着一股投降的声浪。然而，孙权深知，一旦屈服，他的位置将不复存在，甚至还会因此失去性命。因此，他选择了一条与众不同的道路——巧妙地借用外力来稳固自己的地位。

孙权没有直接硬抗曹操的强权，而是巧妙地利用诸葛亮的聪明才智，用一场精彩的辩论将投降的言论击得粉碎。紧接着，他借用孙策的遗训和周瑜的威望，将东吴的军事指挥权交到了周瑜的手中，让这位名将成为东吴的脊梁。

在关键时刻，孙权并没有直接表态，而是默默地观察着局势的发展。他让周瑜在朝堂上慷慨陈词，详细分析了形势的严峻和战争的必要性。周瑜的坚定态度感染了在场的所有人，而孙权则巧妙地利用了这一机会，表示支持周瑜的决定。这样一来，东吴的士气大振，为即将到来的赤壁之战打下了坚实的基础。

孙权的这一做法充分展现了他高超的智慧。他明白，一个人的力量是有限的，只有善于借助外力，才能在复杂多变的局势中立于不败之地。这种借力使力的策略不仅让孙权在赤壁之战中取得了胜利，更让他成为历史上一位杰出的君主。

在追求卓越和成功的道路上，单凭个人的力量往往难以成就一番事业。学会借助他人的力量，不仅能够有效整合资源，还能在关键时刻为我们提供帮助和支持。孙权在赤壁之战中的决策就是这一策略的生动例证。他通过利用诸葛亮的智谋、孙策的遗训以及周瑜的威望，成功地统一了东吴的意见，并带领军队取得了决定性的胜利。这个故事启示我们，在追求事业发展的过程中，要善于发现并利用身边的资源和力量，通过合作与共赢，共同开创更加辉煌的未来。

合肥知县借两宫之力智取仕途

在清朝末年，政治风云变幻莫测，李鸿章作为中堂大人，权倾朝野，深受文武百官的敬仰与敬畏。在众多官员中，合肥知县虽为一方父母官，但在李鸿章面前，仍显得微不足道。但合肥知县以其独特的智慧，巧妙地借用外力，为自己铺就了一条飞黄腾达的道路。

当时，李鸿章的夫人迎来五十岁寿辰，满朝文武纷纷送上贺礼。合肥知县也精心准备了一份特别的礼物——一副寿联。

他深知李鸿章在政治上的影响力，更明白李鸿章对朝廷的忠诚与尊重。于是，他巧妙地在这副寿联中融入了“两宫太后”的字样，既表达了对李鸿章夫人的祝福，又巧妙地借助了两宫太后的威名。

当合肥知县带着寿联来到北京，见到李鸿章时，他谦卑地献上这

份贺礼。寿联的上联：三月庚辰之前五十大寿。下联：两宫太后以下一品夫人。李鸿章初看此联，并未过多在意，但当他注意到“两宫太后”的字样时，态度立刻发生了转变。他亲自将寿联挂上，虔诚敬拜，对合肥知县的态度也大为转变。

自那以后，合肥知县的仕途一帆风顺，他凭借自己的智慧与胆识，巧妙地借助外力，为自己赢得了更多的机会与资源。而这一切都源于他那次巧妙的“借势发力”。

合肥知县凭借一副精心策划的寿联，巧妙地将李鸿章夫人的寿辰与朝廷的威名相结合，成功引起了李鸿章的注意。这一智慧之举，不仅让合肥知县的仕途从此一片光明，更向世人展示了善于借势发力、巧妙运用外力的重要性。在人生前行的道路上，我们往往会遇到各种挑战和机遇，而如何有效地利用这些外力，将其转化为自己的优势，成为决定我们能否成功的关键。合肥知县的智慧博弈启示我们，在追求梦想和事业的过程中，要善于观察、分析和把握周围的资源和环境，巧妙地借助外力来增强自己的实力。

智慧借力，共创辉煌

在人生的征途上，学会借他人之力为己所用，是通往成功的关键一步。这种借力并非简单的依附，而是一种充满智慧的共赢策略。真正的智者懂得，在人生的旅途中，每个人都有自己的长处和短处，只有相互借力，才能实现优势互补，共同创造更加辉煌的未来。他们善于观察、倾听周围一切事物，能够准确识别他人的价值和潜力，并将其变为自己前行的助力。通过智慧的借力，他们不仅能够快速成长，还能够为身边的人带来更多的机遇和价值。这是一种智慧的体现，更是一种人生态度。

思维闪光时刻

- 孙权借力定乾坤
  - 孙权巧妙地借用外力来稳固自己的地位
  - 他利用诸葛亮的智谋、孙策的遗训以及周瑜的威望，赢得赤壁之战的胜利
- 合肥知县智取仕途
  - 合肥知县利用外力铺就飞黄腾达的道路
  - 借外力转化为自己的优势